U0186775

土木工程施工技术

邢顺国　著

哈尔滨出版社
HARBIN PUBLISHING HOUSE

图书在版编目（CIP）数据

土木工程施工技术／邢顺国著. — 哈尔滨 ：哈尔滨出版社. 2023.6

1SBN 978-7-5484-7349-7

Ⅰ . ①土… Ⅱ . ①邢… Ⅲ . ①土木工程－工程施工 Ⅳ . ①TU7

中国国家版本馆 CIP 数据核字（2023）第 116881 号

书　　名：土木工程施工技术
TUMU GONGCHENG SHIGONG JISHU

作　　者：邢顺国　著
责任编辑：李金秋
装帧设计：钟晓图

出版发行：哈尔滨出版社（Harbin Publishing House）
社　　址：哈尔滨市香坊区泰山路 82-9 号　　邮编：150090
经　　销：全国新华书店
印　　刷：三河市嵩川印刷有限公司
网　　址：www. hrbcbs. com
E－mail：hrbcbs@ yeah. net
编辑版权热线：（0451）87900271　87900272
销售热线：（0451）87900202　87900203

开　　本：710 mm×1000 mm　　1/16　　印张：10.75　　字数：122 千字
版　　次：2023 年 6 月第 1 版
印　　次：2024 年 1 月第 1 次印刷
书　　号：1SBN 978-7-5484-7349-7
定　　价：68.00 元

凡购本社图书发现印装错误，请与本社印制部联系调换。

服务热线：（0451）87900279

前　言

　　土木工程的范围非常广泛，它包括房屋建筑工程、公路与城市道路工程、铁道工程、桥梁工程、隧道工程、机场工程、地下工程、给水排水工程、码头港口工程等。国际上，将运河、水库、大坝、水渠等水利工程也包含在土木工程之中。人民生活离不开衣、食、住、行。其中"住"是与土木工程直接有关的；"行"则需要建造铁道、公路、机场、码头等交通土建工程，与土木工程关系也非常紧密；"食"需要打井取水、筑渠灌溉、建水库蓄水、建粮食加工厂、粮食储仓等；"衣"是纺纱、织布、制衣，也必须在工厂内进行，这些也离不开土木工程。

　　土木工程施工技术主要研究土木工程施工技术和施工组织的一般规律；土木工程中主要工种施工工艺及工艺原理；施工项目科学的组织和管理；土木工程施工中新技术、新材料、新工艺的发展和应用。

　　土木工程施工技术实践性强、知识面广、综合性强、发展速度快。本书结合实际情况，综合运用有关学科的基本理论和知识，以解决生产实践中的问题。理论联系实际，侧重于应用，着重基本理论、基本原理和基本方法的学习和应用，注意保证生产质量、安全生产，提高生产率和节约成本。

　　本书在编写过程中，参考了很多专家的资料，在此深表感谢，由于时间仓促，书中难免有不足之处，敬请读者批评与指正。

作　者

目　录

第一章　土木工程概述 …………………………………………………… 1

第一节　土木工程定义与专业发展 ……………………………… 1

第二节　土木工程发展历程与前景展望 ………………………… 3

第三节　土木工程施工 …………………………………………… 14

第二章　土木工程施工材料 ……………………………………………… 20

第一节　施工材料的基本性质 …………………………………… 20

第二节　施工常用结构材料 ……………………………………… 29

第三节　装饰材料 ………………………………………………… 78

第三章　土方工程施工技术 ……………………………………………… 99

第一节　土方工程概述 …………………………………………… 99

第二节　土方工程场地的平整施工 ……………………………… 104

第三节　土方工程中的排水设计 ………………………………… 112

第四节　土方开挖 ………………………………………………… 127

第五节　土方填压 ………………………………………………… 135

第六节　土方工程施工中问题的应对措施 ……………………… 138

第四章　道路工程 ………………………………………………………… 143

第一节　沥青路面工程施工 ……………………………………… 143

第二节　水泥混凝土路面施工 …………………………………… 155

参考文献 …………………………………………………………………… 165

第一章　土木工程概述

第一节　土木工程定义与专业发展

什么是"土木工程"？中国国务院学位委员会在学科简介中定义为："土木工程是建造各类土地工程设施的科学技术的总称，它既指工程建设的对象，即建在地上、地下、水中的各种工程设施，也指所应用的材料、设备和所进行的勘测、设计、施工、保养、维修等技术。"可见土木工程的内容非常广泛，它和广大人民群众的日常生活密切相关，在国民经济中起着非常重要的作用。

土木工程，英语为"Civil Engineering"，直译是民用工程，它的原意是与军事工程"Military Engineering"相对应的，即除了服务于战争的工程设计以外，所有服务于生活和生产需要的民用设施均属于土木工程。后来，这个界限也不明确了。现在，已经把军用的战壕、掩体、碉堡、浮桥、防空洞等防护工程也归入土木工程的范畴了。

英语的民用工程怎么会译成土木工程呢？原来，中国古代哲学（五行学说）认为，世界万物是由5大类物质："金、木、水、火、土"组成的。而在几千年漫长的时间内，土木工程所用的材料，主要是五行中的"土"（包括岩石、沙子、泥土、石灰以及由土烧制成的砖、瓦和陶、瓷器等）和"木"（包括木材、茅草、藤条、竹子等植物材料），古代常将大兴土木作为大搞工程建设的代名词。因而，将"Civil Engineering"翻译成土木工程了。

土木工程的范围非常广泛，它包括房屋建筑工程、公路与城市道路工程、铁道工程、桥梁工程、隧道工程、机场工程、地下工程、给水排水工程、码头港口工程等。国际上，将运河、水库、大坝、水渠等水利工程也包含在土木工程之中。人民生活离不开衣、食、住、行。其中"住"是与土木工程直接有关的；"行"则需要建造铁道、公路、机场、码头等交通土建工程，与土木工程关系也非常紧密；"食"需要打井取水、筑渠灌溉、建水库蓄水、建粮食加工厂、粮食储仓等；"衣"是纺纱、织布、制衣，也必须在工厂内进行，这些也离不开土木工程。此外，各种工业生产必须建工业厂房，即使是航天事业也需要发射塔架和航天基地，这些都是土木工程人员可以施展才华的领域。正因为土木工程内容如此广泛，作用如此重要，所以国家将工厂、矿井、铁道、公路、桥梁、农田水利、商店、住宅、医院、学校、给水排水、煤气输送等工程建设称为基本建设，大型项目由国家统一规划建设，中小型项目也归口各级政府有关部门管理。

为培养土木工程所需的各类人员，世界各国在大学本科教学中都设立了土木工程专业。世界上最早培养土木工程师的大学是1747年法国创办的国立路桥学校。此后，英国、德国等也相继在大学中设置有关土木工程的专业。我国土木工程教育事业最早出现在1895年创办的天津北洋西学学堂（后称北洋大学，今天津大学）。经过一个多世纪，特别是改革开放以来的迅速发展，我国目前已有近千所高等院校开设了土木工程本科专业，培养能从事土木工程设计、施工、管理、咨询、监理等方面工作的专业技术人员。

第二节　土木工程发展历程与前景展望

土木工程是近代形成的一门专业学科，但人类建筑施工的历史古来有之，并经历了古代、近代、现代 3 个漫长的发展历程。

一、人类建筑工程发展历程

（一）古代土木工程

古代土木工程的历史跨度很长，大致从旧石器时代到 17 世纪中叶。这一时期修建各种土木工程设施主要依靠经验。所用材料主要取之于自然，如石块、草筋、土坯等，其中最有代表性的工程为我国黄河流域的仰韶文化遗址。在公元前 1000 年左右开始使用烧制的砖。这一时期，所用的工具也很简单，只有斧、锤、刀、铲和石夯等手工工具。尽管如此，古代还是留下了许多有历史价值的建筑，有些工程即使从现代角度来看也是非常伟大的，有的甚至难以想象。

国内外存在大量古代建筑物，在当时的施工条件下均堪称奇迹。矗立在英格兰的索尔兹伯里大平原上的史前巨石柱群，始建于公元前 2300 年左右，至今人们仍无法知道建造它的真正目的。

埃及金字塔距今已有 4700 多年的历史，它是古埃及法老的王陵建筑。金字塔规模宏伟，结构精密，塔内除墓室和通道外都是实心的，整体呈方锥体。其土石方工程量之大和施工精确度之高，令现代人都感到叹服。

罗马大角斗场始建于古罗马弗拉维奥王朝时代。是古罗马最大的角斗场。建于公元 70~82 年，竞技场占地 20000m²，围墙周长 527m，长径 188m，外墙高 48.5m，容 5 万名观众，堪称建筑施工史上又一大奇迹。

长城是中国古代在不同时期为了相互防御塞而修筑的规模浩大的军事工程的统称，又被称为万里长城。始建于公元前 3 世纪，东起山海关，西至嘉峪关，全长 21196.18km，至今大部分仍基本完好。它自有人类文明以来最巨大的单一建筑物，也是修缮时间持续最久的建筑物。

都江堰引水枢纽约建于公元前 276 至公元前 251 年，是古代中国最伟大的无坝引水工程，能自动调配水量，枯水季节有足够的水量进入灌区，洪水季节又能将多余的水量排到外江，无须开闸、引水、泄洪等人为干预。

北京故宫，旧称紫禁城，位于北京市中心，占地面积约 72 万 m²，建于明永乐四年至十八年（1406~420 年），是我国现存最大的木构殿堂，也是当今世界上现存规模最大、建筑最雄伟、保存最完整的皇家建筑群，由 870 余座建筑和 8700 余间房屋组成。从整体规划到单体建筑都体现了我国古代建筑的优秀传统和独特风格。

圣索菲亚大教堂建于公元 532~537 年，位于土耳其伊斯坦布尔，圣索菲亚大教堂为砖砌穹顶，直径约 32.6m，穹顶高约 54.8m，整体支撑在用巨石砌成的大柱上，非常宏伟。

我国隋朝建成的赵州桥，为单孔圆弧弓形石拱桥，全长 50.82m，桥面宽 9.6m，单孔跨度 37.02m，拱高 7.23m，用 28 条并列的石条拱砌成，拱肩上有 4 个小拱，既可减小桥的自重，又便于排泄洪水，且外表美观，经千余年后尚能正常使用，为世界石拱桥的杰出代表。

公元 11 世纪建成的山西应县木塔，塔高 67.31m，共 9 层，横截面呈八角形，底层直径达 30.27m。该塔经历了多次大地震，历时近千年仍完好耸立，足以证明我国古代木结构的高超技术。

（二）近代土木工程

近代土木工程发展跨度一般认为是从 17 世纪中叶至 20 世纪中叶。这一时期的主要特征是：力学和结构理论逐渐发展起来并作为建筑施工的指导；砖、瓦、木、石等建筑材料广泛使用；混凝土、钢材、钢筋混凝土以及早期的预应力混凝土得到发展；施工技术进步很大。

该历史时期，土木工程在理论、材料、施工领域出现的具有重大意义的事件有：

（1）意大利科学家伽利略在 1638 年出版的著作《关于两门新科学的谈话和数学证明》中论述了建筑材料的力学性质和梁的强度，首次用公式表达了梁的设计理论；

（2）英国科学家牛顿在 1687 年总结了力学运动三大定律，至今仍是土木工程设计理论的基础；

（3）瑞士数学家欧拉在 1744 年出版的《曲线的变分法》中建立了柱的压屈理论，该理论为分析土木工程结构物的稳定问题奠定了基础；

（4）1824 年英国人阿斯普丁取得了波特兰水泥的专利权，1850 年开始生产；

（5）1825 年法国人纳维建立了土木工程中结构设计的容许应力法，

19 世纪末里特尔等人提出了极限平衡的概念，为土木工程的结构理论分析打下了基础；

（6）1859 年英国人贝塞麦发明了转炉炼钢法，使钢材得以大量生产，并广泛应用于土木工程；

（7）1867 年法国人莫尼埃用铁丝加固混凝土制成花盆，并推广到工程中，建造了一座蓄水池；

（8）1875 年法国人莫尼埃主持建造了第一座长 16m 的钢筋混凝土桥；

（9）1886 年美国人杰克逊首先应用预应力混凝土制作建筑配件，后又制作楼板；

（10）20 世纪初，水灰比学说的提出，初步奠定了混凝土强度的理论基础；

（11）1906 年美国旧金山大地震，1923 年日本关东大地震，这些自然灾害推动了结构动力学和工程抗震技术的发展；

（12）1930 年法国工程师弗涅希内将高强度钢丝用于混凝土工程。

该历史时期具有代表性的建筑施工如下：

第一，英国铁桥。英国铁桥（铸铁桥）建于 1779 年，跨度长 30.6m，由五片半圆形拱肋组成，实现了铸铁构件的大跨度使用。

第二，悬索桥——布鲁克林大桥。美国纽约州的布鲁克林大桥，横跨纽约东河，连接着布鲁克林区和曼哈顿岛，1883 年 5 月 24 日正式交付使用。大桥全长 1834m，桥身由上万根钢索吊离水面 41m，是当年世界上最长的悬索桥，也是世界上首次以钢材建造的大桥，落成时被认为是继世界古代七大奇迹之后的第八大奇迹。

第三,埃菲尔铁塔。法国巴黎的埃菲尔铁塔建成于 1887 年,是近代高层建筑结构的萌芽。埃菲尔铁塔是由很多分散的钢铁构件组成的,钢铁构件有 18038 个,埃菲尔铁塔总重达 9000 吨,使用铆钉 250 万个。1887 年 1 月 26 日,埃菲尔铁塔正式开工。250 名工人冬季每天工作 8 小时,夏季每天工作 13 小时。1889 年 3 月 31 日,这座钢铁结构的高塔建设完成。由于铁塔上的每个部件事先都严格编号,所以装配时没出一点差错。施工完全依照设计进行,建造中没有进行任何改动,可见施工安排之合理、计算之精确。据统计,仅铁塔的设计草图就有 5300 多张,其中包括 1700 张全图。建成后的埃菲尔铁塔初始高度 300m,直到 1930 年它始终是全世界最高的建筑。

(三)现代土木工程

现代土木工程发展跨度一般认为是从第二次世界大战结束至今。现代土木工程施工具有鲜明的时代特征,具体如下:

(1)公共和住宅建筑物要求建筑、结构、给水排水、采暖、通风、供燃气、供电等现代技术设备结合成整体。

(2)工业建筑物围绕生产工艺在功能要求方面越来越高,并向大跨度、超重型、灵活空间方向发展。

(3)建造材料更加先进。随着化学工业和冶金技术的不断发展,高性能和高强混凝土的广泛应用,适应不同要求的各种特种混凝土,如轻骨料混凝土、纤维混凝土、聚合物混凝土也迅速发展。先进的冶金和轧钢技术已能生产高强度的低合金钢筋和各种规格的型钢,开创了现代结构工程的一个崭新时代。高分子化学的发展,使高分子材料开始应用于工程结构，膜结构这一新结构体系随之出现。

（4）结构设计理论更加完善。随着工程设施大型化，借助计算机技术的发展，分析理论已能考虑材料非线性和几何非线性。设计理论也由容许应力设计方法进入基于概率理论的可靠度设计方法。分析计算理论的进步，使结构设计更为自由，一些新颖的结构如任意曲面形式的网壳结构，各种类型的斜拉桥，各种外形的索膜结构，不同深度的海洋平台，各种隧道、地下铁道等，如雨后春笋般不断涌现。

在现代土木工程中，土木工程已不再是单体工程，许多体现时代特征的工程已成为城市的标志和城市文化的组成部分。

房屋建筑方面：随着经济发展和人口增长，城市人口密度迅速加大，促使房屋建筑向高层发展，出现了一大批高度超过 100m 的超高层建筑，其中具有代表性的有：1974 年美国芝加哥建成的西尔斯大厦，共 110层，高 443m；1998 年马来西亚建成的吉隆坡石油双塔，高 452m；1999年建成的上海金茂大厦，主体建筑 88 层，总高 420.5m；2004 年我国台北建成的台北 101，高 508m；2008 年 8 月我国投入使用的上海环球金融中心，地上 101 层，地下 3 层，全高 492m；2010 年投入使用的迪拜哈利法塔，共 162 层，高度更达到惊人的 828m。

桥梁工程方面：为适应经济发展需要，各国都进行大量基础设施建设，建造了一批跨度超过 1000m 的桥梁。

悬索桥方面：1998 年建成的日本明石海峡大桥，主桥设计跨度为：主孔 1990m，两边各 960m。它是当时世界上跨度最大的悬索桥；1997 年建成的丹麦大贝尔特海峡大桥，主跨度 1624m；1997 年建成的香港青马大桥，主跨度 1377m；1999 年建成的江阴长江大桥，主跨度 1385m。

斜拉桥方面：1993 年建成的上海杨浦大桥，主跨度 602m；2008 年建成的苏通长江大桥，其主孔跨径达 1088m。

隧道工程方面：日本和丹麦自 20 世纪 60 年代起率先启动跨海隧道工程。1988 年日本建成的青函隧道，长 53.85km。1994 年建成的英吉利海峡隧道，长 50.5km。随着我国西部大开发政策的实行，我国在西部地区进行大规模基础设施建设，建成了许多超长山区公路、铁路隧道，2007 年建成通车的秦岭终南山公路隧道，线路全长 18.02km；2007 年建成通车的乌鞘岭隧道，全长 20.05km。

大跨度建筑方面：主要是体育馆、展览厅和大型储罐等。2008 年北京奥运会主体育场——国家体育场，建筑造型呈椭圆的马鞍形，外壳由钢结构有序编织成"鸟巢"状，最大跨度达 343m。1991 年中国第一汽车集团有限公司建造了单体面积近 8 万平方米的厂房，是当时世界上面积最大的网架结构。1996 年美国亚特兰大奥林匹克体育馆是世界上最大的索穹顶体育馆。日本于 1993 年建成的预应力混凝土液化气储罐，容量达 $1.4×10^5 m^3$。在瑞典、挪威、法国等欧洲国家，在地下岩石中修建不衬砌的油库和气库，其容量高达几十万甚至上百万立方米。

大坝工程方面：随着经济高速发展，我国近 20 年建设了许多水电站。建成的长江三峡水利枢纽的拦河坝坝顶高 185m，电站装机容量为 2250 万千瓦，居世界第一；2020 年建成的四川二滩水电站，拱坝坝高 240m，装机容量 3300MW；2001 年建成的黄河小浪底水利枢纽工程，主坝为堆石坝，设计最大坝坝高 154m，总装机容量 1800MW。这些水电站均属世界先进水平。

高耸结构方面：1967 年建成的莫斯科电视塔，高 540m；1975 年建成的多伦多电视塔，横截面为"Y"字形，高553.4m；我国上海于1994年建成的"东方明珠"广播电视塔，高468m。

二、现代土木工程的发展展望

土木工程是一门古老的学科，它已经取得了巨大的成就，未来土木工程发展的前景怎样，首先要弄清目前人类社会所面临的挑战和发展趋势。土木工程目前面临的形势是：

第一，世界正经历工业革命以来的又一次重大变革，这便是信息（包括计算机、通信、网络等）工业的迅猛发展，可以预计人类的生产、生活方式将会发生重大变化。

第二，航空、航天事业等高科技事业的发展，月球上已经留下了人类足迹，对火星及太阳系内外星空的探索已取得了巨大进步。

第三，地球上居住人口激增，截至2022年，世界人口已达80亿。而地球上的土地资源是有限的，并且因过度消耗而日益枯竭。

第四，生态环境受到严重破坏，如森林植被破坏，土地荒漠化，河流海洋水体污染，城市垃圾成山，空气混浊，大气臭氧层破坏等。随着工业的发展和进步，人类的生活环境将会日益恶化，人类为了争求生存，为了争取舒适的生活环境，土木工程必将有重大的发展。

城市化建设推动现代土木工程发展，20世纪中叶以来，城市建设有以下趋向：

首先，高层建筑大量兴起。由于工业生产的要求，城市人口大量积聚、密度猛增，且用地紧张，迫使城市建筑物向高空发展。美国的高层建筑很多，高度在160~200m的就有100多幢。近年来，中国、马来西亚、新加坡等亚洲国家的高层建筑也有很大发展。例如，我国的台北101高508m，上海环球金融中心高492m、金茂大厦高420.5m、上海中心大厦高632m、"东方明珠"广播电视塔高468m。

其次，地下工程大量涌现。如地下铁道、商业街、停车库、体育馆、影剧院、工业厂房、地下仓库等。

最后，城市高架公路、立交桥大量涌现。

土木工程的功能化、城市建设的立体化、交通运输的高速化必然使得土木工程出现新的发展趋势。

（一）建筑材料的轻质高强化

建筑材料发展迅速，其中普通混凝土向轻骨料混凝土、加气混凝土和高性能混凝土方向发展；耐高温、保温、隔声、耐磨、耐压的化学合成材料将向围护材料和结构材料发展；微型纤维混凝土、塑料混凝土、碳纤维混凝土得到广泛应用；一批轻质高强材料如铝合金、建筑塑料、玻璃钢得到迅速发展；同时更重视环保节能材料的研究和发展。

（二）施工过程的工业化、装配化

新型建筑工业化是指采用以标准化设计、工厂化生产、装配化施工、一体化装修和信息化管理为主要特征的生产方式，并在设计、生产、施工、开发等环节形成完整的、有机的产业链，实现房屋建造全过程的工业化、集约化和社会化，从而提高建筑工程质量和效益，实现节能减排与资源节约。

（三）理论的信息化、智能化

工程项目的单件性、时代性、环境性、多要素性决定了建筑施工项目信息化的可能性。

通过信息化技术可以使建筑施工过程成为数字化施工过程。而数字工程的建设，可以使项目在施工管理过程中进行有效的施工方案模拟，为做好施工当中的工期控制、质量控制、成本控制等打下良好的基础。此外，信息化还可以使工程管理档案化、数字化、动态化，为工程的策划、融资、设计、施工、运行和维修等全过程的管理提供便利的条件以及全新的方法和手段。

（四）重大土木工程项目将陆续兴建

为了解决城市土地供求矛盾，城市建设将向高、深方向发展。高速公路、高速铁路的建设仍呈发展趋势，交通土建工程在 21 世纪内会有巨大的进步，航空港、海港和内河航运码头的建设也会在不久的将来取得巨大的进步。

（五）土木工程将向太空、海洋、荒漠地开拓

地球上的海洋面积占整个地球表面积的 71% 左右，现在陆地上土地太少，人们首先想到可向海洋发展，向海洋开拓从近代已经开始。为了防止噪声对居民产生影响，也为了节约用地，许多机场已开始填海造地。全世界陆地中约有 1/3 为沙漠，千里荒沙，渺无人烟，目前还很少开发沙漠，难于利用主要原因是缺水，生态环境恶劣，昼、夜温差太大，空气干燥，太阳辐射太强，不适于人类生存。近代许多国家已开始沙漠改造工程。向太空发展是人类长期的梦想，在 21 世纪这一梦想可能变为现实。

（六）工程材料向轻质、高强、多功能化发展

21 世纪在工程材料方面希望有较大突破，例如传统材料的改性，还有化学合成材料的应用。目前的化学合成材料主要用于门窗、管材、装饰材料，今后将大面积向围护材料及结构骨架材料发展。

（七）设计方法更加精确化，设计工作更加自动化

计算机与网络化的进步，使设计由手工走向更加精确与自动化。目前许多设计部分已经丢掉了传统的制图版而改用计算机绘图，这一进程在未来将进一步发展和完善。数字计算机的进步使过去不能计算的、带有盲目性的估计可以变为较精确的分析。土木工程由各个杆件分析到整体分析；工程结构的定性分析到按施工阶段的全过程仿真分析；工程结构中在灾害载荷作用下的全过程非线性分析，与时间有关的长时间的徐变分析和瞬间的冲击分析，等等。

（八）土木工程

土木工程中对于信息和智能化技术的引入，主要在信息化施工、智能化建筑、智能化交通、土木工程分析的仿真系统等方面取得重要进展。

（九）土木工程更加关注可持续发展问题

可持续发展这一原则具有远见卓识，在建设与使用土木工程过程中，应充分满足建筑功能完备，与能源消耗、资源利用、环境保护、生态平衡有密切关系，对贯彻"可持续发展"原则影响很大，我国已将"可持续发展"列为国策，并加以大力宣传，对于土木工程工作者来说对贯彻这一原则有重大责任。

第三节　土木工程施工

一、土木工程施工简述

土木工程施工是指通过有效的组织方法和技术途径，按照工程设计图纸和说明书的要求在指定位置上建成供使用的特殊产品过程。

土木工程施工分施工技术和施工组织两大部分，内容包含了施工方法、施工材料和机具使用、施工人员作业管理等。

以房屋建筑施工为例，一个建筑物的建成，从下部基础施工开始，到上部主体结构施工，直至内外装饰完毕，是由许多工种工程（土方工程、桩基础工程、模板工程、钢筋工程、混凝土工程、结构安装工程、装饰工程等）组成的。施工技术是以各工种工程施工的技术为研究对象，对施工方案为核心，综合具体施工对象的特点，选择最合理的施工方案，决定最有效的施工技术措施。

施工组织是以科学编制一个工程项目（可以是一个建筑物或建筑群、一座桥梁或一条路段、一个构筑物）的施工组织设计为研究对象，结合具体施工对象，编制出指导施工的组织设计，合理使用人力物力、空间和时间，着眼于各工种施工中关键工序的安排，使之有组织、有秩序地施工。

概括起来，土木工程施工的研究对象就是最有效地建造房屋、构筑物、桥梁和隧道等的理论、方法和有关的施工规律，以科学的施工组织设计为先导，以先进的和可靠的施工技术为后盾，保证工程施工项目高质量地、安全地和经济地完成。

二、我国土木工程施工发展概述

旧石器时代，原始人藏身于天然洞穴。进入新石器时代，人类已架木巢居，以避野兽侵扰，进而以草泥作顶，开始建造活动。后来发展到将居室建造在地面上。到新石器时代后期，人类逐渐学会用夹板夯土筑墙、垒石为垣，烧制砖瓦。战国至秦汉时期，我国的砌筑技术已有很大发展，能用特制的楔形砖和企口砖砌筑拱券和穹隆。我国的《考工记》记载了先秦时期的营造法则。秦以后，宫殿和陵墓的建筑已具相当规模，木塔的建造更显示了木构架施工技术已相当成熟。

至唐代大规模城市的建造，表明房屋建造技术也达到了相当高的水平。北宋李诚组织编纂了《营造法式》，对砖石、木作和装修、彩画的施工法则与工料估算方法均有较详细的规定。至元、明、清时期，已能用夯土加竹筋建造三、四层楼房，砖券结构得到普及，木构架的整体性得到加强。清代的《工部工程做法则例》统一了建筑构件的模数和工料标准，确定了绘样并制定了估算的准则。现存的北京故宫等建筑表明，当时我国的建造技术已达到很高的水平。

19世纪中叶以来，水泥和建筑钢材的出现，产生了钢筋混凝土，使土木施工进入新的阶段。我国自鸦片战争以后，在沿海城市出现了一些用钢筋混凝土建造的多层房屋和高层大楼，但多数由外国建筑公司承建。此时，我国由私人创办的营造厂虽然也承建了一些工程，但规模小，技术装备较差，施工技术相对落后。

新中国成立后，我国的建筑业发生了根本性的变化。为适应国民经济恢复时期建设的需要，国家扩大了建筑业建设队伍的规模，引入了苏联建筑技术，在短短几年内，就完成了鞍山钢铁公司、第一汽车制造厂等一千多个规模宏大的工程建设项目。1958—1959 年在北京建设了人民大会堂、北京火车站、中国国家博物馆新馆等结构复杂、规模巨大、功能要求严格、装饰标准高的十大建筑，更标志着我国的建筑施工开始进入了一个新的发展时期。

　　我国建筑业的第二次大发展是在 20 世纪 70 年代后期，国家实行改革开放政策以后，一些重要工程相继恢复，工程建设再次呈现一派繁荣景象。到了 20 世纪 80 年代，以南京金陵饭店、广州白天鹅宾馆和花园酒店、上海新锦江宾馆和希尔顿宾馆、北京的国际饭店和昆仑饭店等一批施工高度超过 100m 的高层建筑为龙头，带动了我国建筑施工，特别是现浇混凝土施工技术的迅速发展。进入 20 世纪 90 年代，随着房地产行业的兴起，城市进行大规模旧城改造，高层和超高层写字楼与商住楼的大量兴建，使建筑施工技术达到了很高的水平。进入 21 世纪，随着国家经济的发展，综合国力的增强，高层钢结构建筑开始大量兴建，超高层钢骨钢筋混凝土结构工程也如雨后春笋般迅猛发展，进一步促进了施工技术的进步和施工组织管理水平的提高。

　　在建筑施工技术方面，基础工程施工中推广应用了大直径钻孔灌注桩、静压桩、旋喷桩、水泥土搅拌桩、地下连续墙等新技术；主体结构施工中应用了爬模和滑模、早拆模板和台模等新型模板体系，粗钢筋焊接与机械连接技术，高强高性能混凝土、预应力技术，泵送混凝土以及塔吊和施工升降机的垂直运输机械化等多项新的施工技术；在装饰工程施工应用了内外墙面喷涂，外墙面玻璃及铝合金幕墙，高级饰面砖的粘贴等新技术，使我国的建筑施工技术水平与发达国家的技术水平基本接近。

在桥梁工程施工方面，中国古代木桥、石桥和铁索桥都长时间保持世界领先水平。据文献记载，中国早在公元前50年（汉宣帝时期）就建成了跨度达百米的铁索桥，而欧美直到17世纪尚未出现铁索桥。回顾新中国成立前的桥梁历史，长江和黄河上的大跨径桥梁和上海、天津、广州等城市中的一些桥梁也无一不是由洋商承建的。新中国成立后，1955年兴建的第一座长江大桥——武汉长江大桥，欲使"天堑变通途"。1957年武汉长江大桥建成通车，它是20世纪50年代中国桥梁的一座里程碑，为中国现代桥梁工程技术和南京长江大桥的兴建奠定了基础。

20世纪50年代预应力混凝土简支梁桥的实现，使中国桥梁界初步具备了高强度钢丝，预应力锚具，孔道灌浆，张拉千斤顶等有关的材料、设备和施工工艺，为60年代建造主跨50m、100m和150m的中、大跨径桥梁创造了条件。20世纪70年代，大跨径拱桥盛行，建造了许多双曲拱桥，在地质情况较好的地区建造的一些双曲拱桥至今仍在使用。

20世纪80年代后，国内开始建设斜拉桥，并相继有多座斜拉桥建成，跨径多为250m以下，但拉索的防腐体系相对落后，也导致使用十多年后因防腐失效不得不进行换索。可以说整个80年代，中国的桥梁技术在梁桥、拱桥和斜拉桥上都取得了全方位的、突飞猛进的发展。

进入20世纪90年代，相继有主跨602m的斜拉桥上海杨浦大桥建成，并有主跨为1385m的悬索桥江阴长江大桥建成，标志着中国正在走向世界桥梁强国之列。进入21世纪，主跨1088m，为世界斜拉桥第一跨径的江苏苏通长江大桥开工建设，并在2008年北京奥运会开幕建成通车，这显示了我国具备了建造特大跨径桥梁的能力。

在土木工程施工组织方面，我国在第一个五年计划期间，就在一些重点工程上编制了指导施工的施工组织设计，并将流水施工的技术应用到工程上。进入到 20 世纪 80 年代和 90 年代以后，许多重大土木工程项目需要更为科学的施工组织设计来指导施工。计算机结合网络计划技术和工程技术以及虚拟建造技术的应用，正在逐步实现远程对施工现场施工进行实时监控。相信随着计算机的普及和技术的进步，施工组织和工程项目管理会发展到一个更新、更高的水平。

三、工程建设标准的相关知识

规范与规程是我国土木工程界常用标准的表达形式。它们以土木科学、技术和实践经验的综合成果为基础，经有关方面协商一致，由国家有关部委批准、颁发，作为全国土木工程界共同遵守的准则和依据。规范与规程分为国家、专业、地方和企业 4 级。

与建筑工程施工相关的代表性的国家标准规范如下：

《建筑地基基础工程施工质量验收标准》（GB 50202-2018）、《砌体结构工程施工质量验收规范》（GB 50203-2011）、《混凝土结构工程施工质量验收规范》（GB 50204）、《地下防水工程质量验收规范》（GB 50208）、《屋面工程质量验收规范》（GB 50207-2012）、《钢结构工程施工质量验收标准》（GB 50205-2020）等，这些标准、规范均由住建部颁发。

与建筑工程专业施工相关的代表性的行业标准规程有：《钢筋焊接及验收规程》（JGJ 18）、《建筑工程大模板技术规程》（JGJ/T 74）、《钢结构焊接规范》（JG 50661）等，这些规程也由国家相关部委批准，作为行业标准与桥梁和隧道工程施工相关的标准，由于其行业的专业性和针对性更强，一般虽以行业标准的形式出现，但效果等同于国家规范，其代表性的规范有：《公路桥涵施工技术规范》（JTG/T 3650）、《公路隧道施工技术规范》（JTG/T 3660）、《公路路面基层施工技术细则》（JTG/T F20）等，这些规范由交通运输部颁发。

一般规程（规定）比规范低一个等级，多为行业标准。规程的内容不能与规范抵触，如有不同，应以规范为准。对于规范和规程中有关规定条目的解释，由其发布通知中制定单位负责。

随着设计与施工水平的提高，规范和规程每隔一定时间就要进行修订。

工法是以工程为对象，以工艺为核心，运用系统工程的原理，把先进技术与科学管理结合起来，经过工程实践形成的综合配套技术的应用方法。它应具有新颖、适用和保证工程质量，提高施工效率，降低工程成本等特点。工法的内容一般应包括：前言、工法特点、适用范围、工艺原理、施工工艺流程及操作要点、材料与设备、质量控制、安全措施、环保措施、效益分析和应用实例等。工法分为房屋建筑工程、土木工程、工业安装工程3个类型。

工法制度自1989年底在全国施工企业中实行，它是指导企业施工与管理的一种规范性文件，是企业技术水平和施工能力的重要标志，也是企业自主知识产权的标志。工法分为国家级、省级、企业级3个等级。国家级工法其工艺技术水平应达到国内领先或国际先进水平。国家级工法由住房和城乡建设部会同国家有关部门组织专家进行评审。

第二章　土木工程施工材料

第一节　施工材料的基本性质

众所周知，建筑结构物的最基本构成元素是材料，用于土木工程的材料品种繁多，性质各异，用途也各不相同，为了方便应用，工程中常从不同角度对其进行分类。

一、力学性质

（一）强度与比强度

材料的强度是指材料在外力作用下不破坏时能承受的最大应力。由于外力作用的形式不同，破坏时的应力形式也不同，根据工程中外力作用形式的不同，相应的材料强度可分为抗压强度、抗拉强度、抗弯强度和抗剪强度。

影响材料强度的因素有很多，除了材料的组成外，还有材料的孔隙率增加，强度将降低；材料含水率增加，温度升高，一般强度也会降低。另外，试件尺寸大的比小的强度低；加荷速度较慢或表面不平等因素均会使所测强度值偏低。

承重的结构材料除了承受外荷载力，尚需承受自身重力。因此，不同强度的材料比较，可采用比强度指标。比强度是指单位体积质量的材料强度，它等于材料的强度与其表观密度之比。它是衡量材料是否轻质、高强的指标。

（二）材料的弹性与塑性

材料在外力作用下产生变形，当外力去除后，能完全恢复原来形状的性质，称为弹性。这种可恢复的变形称为弹性变形。若去除外力，材料仍保持变形后的形状和尺寸，且不产生裂缝的性质，称为塑性。此种不可恢复的变形称为塑性变形，材料在弹性范围内，其应力与应变之间的关系应符合胡克定律，即应力等于应变乘以弹性模量。

弹性模量是材料刚度的度量，反映了材料抵抗变形的能力，是结构设计中的主要参数之一。

土木工程中有不少材料称为弹塑性材料，它们在受力时，弹性变形和塑性变形会同时发生，外力去除后，弹性变形恢复，塑性变形保留。

（三）脆性和韧性

材料在外力作用下，无明显塑性变形而突然破坏的性质，称为脆性。具有这种性质的材料称为脆性材料，材料在冲击或振动荷载作用下，能吸收较大的能量，产生一定的变形而不破坏的性质，称为韧性或冲击韧性。

（四）硬度和耐磨性

硬度是材料抵抗较硬物质刻画或压入的能力。测定硬度的方法很多，常用刻画法和压入法。刻画法常用于测定天然矿物的硬度，即按滑石、石膏、方解石、萤石、磷灰石、正长石、石英、黄玉、刚玉、金刚石的硬度递增顺序分为 10 级，通过它们对材料的划痕来确定所测材料的硬度，称为莫氏硬度。压入法是以一定的压力将一定规格的钢球或金刚石制成的尖端压入试样表面，根据压痕的面积或深度来测定其硬度。常用的压入法有布氏法、洛氏法和维氏法，相应的硬度称为布氏硬度、洛氏硬度和维氏硬度。

二、材料与水有关的性质

（一）材料的亲水性与憎水性

当固体材料与水接触时，由于水分与材料表面之间的相互作用不同，在材料、水和空气的三相交叉点处沿水滴表面作切线，此切线与材料和水接触面的夹角为润湿边角。一般认为，当润湿边角小于等于 90 度时，材料能被水润湿而表现出亲水性，这种材料被称为亲水性材料；当润湿边角大于 90 度时，材料不能被水润湿而表现出憎水性，这种材料被称为憎水性材料。由此可见，润湿边角越小，材料亲水性越强，越易被水润湿，当润湿边角等于 0 时，表示该材料完全被水润湿。

大多数土木工程材料，如砖、木、混凝土等均属于亲水性材料；沥青、石蜡等则属于憎水性材料。

（二）材料的含水状态

亲水性材料的含水状态可分为以下四种基本状态：

干燥状态——材料的孔隙中不含水或含水极微；

气干状态——材料的孔隙中所含水与大气湿度相平衡；

饱和面干状态——材料表面干燥，而孔隙中充满水达到饱和；

湿润状态——材料不仅孔隙中含水饱和，而且表面被水润湿附有一层水膜。

除上述四种基本含水状态外，材料还可以处于两种基本状态之间的过渡状态中。

（三）材料的吸湿性和吸水性

1. 吸湿性

亲水材料在潮湿空气中吸收水分的性质，称为吸湿性。反之，在干燥空气中会放出所含水分，称为还湿性。材料的吸湿性用含水率表示，材料的含水率随环境的温度和湿度变化发生相应的变化，在环境湿度增大、温度降低时，材料含水率变大；反之变小。材料中所含水分与环境温度所对应的湿度相平衡时的含水率，称为平衡含水率。材料内部的开口微孔越多，吸湿性越强。

2. 吸水性

吸水性是指材料在水中吸收水分的性质。材料的吸水性用吸水率表示，质量吸水率是指材料吸水饱和时，吸收水分的质量占材料干燥时质量的百分数。材料的开口孔越多，吸水量越大。虽然水分很易进入开口的大孔，但无法存留，只能润湿孔壁，所以吸水率不大；而开口细微连通孔越多，则吸水量越大。

3. 耐水性

材料的耐水性，是指材料长期在水的作用下不被破坏，其强度也不明显降低的性质。耐水性用软化系数表示一般材料吸水后，强度均会有所降低，强度降低越多，软化系数越小，说明该材料耐水性越差。材料的软化系数范围在 0~1 之间，工程中通常将软化系数>0.85 的材料，称为耐水材料。长期处于水中或潮湿环境中的重要结构，所用材料必须保证材料的软化系数>0.85，用于受潮较轻或次要结构的材料，其值也不宜小于 0.75。

4. 抗渗性

材料的抗渗性，是指其抵抗压力水渗透的性质。材料的抗渗性常用渗透系数或抗渗等级表示。抗渗等级（记为 P），是以规定的试件在标准试验条件下所能承受的最大水压力（MPa）来确定。

材料的抗渗性与孔隙率及孔隙特征有关。开口的连通大孔越多，抗渗性越差；闭口孔隙率大的材料，抗渗性仍可良好。材料的渗透系数越小或抗渗等级越高，表明材料的抗渗性越好。地下建筑、压力管道等设计时都必须考虑材料的抗渗性。

5. 抗冻性

抗冻性，是指材料在含水状态下能经受多次冻融循环作用而不破坏，强度也不显著降低的性质。

材料的抗冻性常用抗冻等级表示。抗冻等级是以规定的吸水饱和试件，在标准试验条件下，经一定次数的冻融循环后，强度降低不超过规定数值，也无明显损坏，则此冻融循环次数即为抗冻等级。显然，冻融循环次数越多，抗冻等级越高，抗冻性越好。

材料受冻融破坏的原因，是材料孔隙内所含水结冰时体积膨胀（约增大 9%），对孔壁造成的压力使孔壁破裂所致。因此，材料抗冻能力的好坏，与材料吸水程度、材料强度及孔隙特征有关。一般而言，在相同冻融条件下，材料含水率越大，材料强度越低及材料中含有开口的毛细孔越多，受到冻融循环的损伤就越大。在寒冷地区和环境中结构设计和材料的选用，必须考虑材料的抗冻性。

三、材料的热性质

材料的热性质主要包括热容性、导热性和热变形性。

（一）热容性

热容性是指材料在温度变化时吸收或放出热量的能力。

同种材料的热容性差别，常用热容量比较，热容量是指材料发生单位温度变化时所吸收或放出的热量。不同材料的热容性，可用比热容作比较。比热容是指单位质量的材料升高单位温度时所需热量。

（二）导热性

材料的导热性，是指材料两侧有温差时热量由高温侧向低温侧传递的能力，常用导热系数表示。材料的导热性与孔隙有关。一般说来，材料的孔隙率越大，导热系数越小；而增加孤立的不连通孔隙，能更有效地降低材料的导热能力。

（三）热变形性

材料的热变形性，是指材料在温度变化时的尺寸变化，除个别的如水结冰之外，一般材料均符合热胀冷缩这一自然规律。材料的热变形性常用线膨胀系数表示，土木工程总体上要求材料的热变形不要太大，在有隔热保温要求的工程设计时，应尽量选用热容量（或比热）大、导热系数小的材料。

（四）材料的耐久性

材料的耐久性，是指用于构筑物的材料在自身和环境的各种因素影响下，能长久地保持其使用性能的性质。

土木工程材料在使用中将受到自身和环境的影响，除了前述的外界物理、力学作用外，还会发生某些化学变化。例如：钢筋会锈蚀，水泥混凝土会受到各种酸、碱、盐类的侵蚀，沥青和塑料会老化等。这些化学变化，都会使材料的组成或结构发生改变，性质也将随之发生变化，造成使用功能恶化。所以，选用合适的材料，保持材料使用时的化学性质稳定，不使其恶化，是结构设计中必须考虑的重要问题。

综上所述，材料所受的自身和环境影响是多方面的，可能是自身内部的化学作用，如水泥的体积安定性不良，会使混凝土产生膨胀性裂缝；可能是物理作用的影响，如环境温度、湿度的交替变化，会使材料在冷热、干湿、冻融的循环作用下发生破坏；可能是化学作用的影响，如紫外线或大气和环境中的酸、碱、盐作用，会使材料的化学组成和结构发生改变而使性能恶化；也可能是机械作用的影响，如材料在长期荷载（或交替荷载、冲击荷载）的作用下发生破坏，又如受到磨损或磨耗而破坏；还可能是生物作用的影响，如材料受菌类昆虫等的侵害作用，会发生虫蛀、腐朽等破坏现象。

由上可知，土木工程材料在使用中会受到多种因素的作用，使其性能变坏。所以，在构筑物的设计及材料的选用中，必须慎重考虑材料的耐久性问题，以利于节约材料、减少维修费用，延长构筑物的使用寿命。

四、材料的绿色化

土木工程材料的绿色化，是指建筑工程中所用材料向着绿色建材方向发展，它是实现绿色建筑的重要环节之一。

所谓绿色建材，是指建筑材料不仅要具有令人满意的使用性能，而且在其生命周期的各阶段还应满足环保、健康和安全等要求。我们一般可以把材料生命周期的全过程划分为：资源开采与原材料的制备、材料产品的生产和加工、材料产品的使用和服役、材料产品废弃物的处置等4个阶段。

与绿色建材内涵相似的概念尚有：生态建材、环保建材及健康建材。绿色建材与一般建筑材料概念的不同，在于后者的研究开发重点基本是为了获取具有更好使用性能的土木工程材料；而绿色建材的研究开发重点除了考虑材料的使用性能外，还必须同时考虑土木工程材料对环境及人体的影响。

另外，绿色建材与通常提到的绿色建材产品，在概念上也有差别。绿色建材产品是指建材产品在使用服役过程中满足绿色性能要求；而绿色建材是指在土木工程材料生命周期的全过程都要符合绿色性能要求。

评判任何一种土木工程材料是否属于绿色建材，只有通过分析该材料的生命周期全过程，综合评价它对环境、健康和安全等诸方面的影响，才能下最后结论。

在目前阶段认为，绿色建材至少应该包括以下5个方面特征：

（1）生产绿色建材的原料应尽可能少用天然资源，应尽量使用尾矿、废渣、垃圾、废液等废弃物；

（2）采用低能耗制造工艺及无污染环境的生产技术；

（3）在产品配制或生产过程中，不得使用对环境有污染或对人体有害的物质。例如：甲醛、卤化物溶剂或芳香族碳氢化合物，汞及其化合物，铅、镉、铬等金属及其化合物的颜料和添加剂等；

（4）产品的设计是以改善生产环境、提高生活质量为宗旨，即产品不仅不损害人体健康，还应有益于人体健康，产品应具有多功能化，如抗菌、灭菌、防霉、除臭、隔热、阻燃、调温、调湿、消磁、防射线、抗静电等；

（5）产品可循环或回收利用，无污染环境的废弃物。

土木工程材料的绿色化，不但关系到材料的自身发展，还关系到人民的生活质量及国计民生的可持续发展。为此，我国已采取了一系列措施，以提高、完善绿色化进程，下面是一些例子：

为了减少土地资源的破坏，我国规定所有城市新建房屋都要禁止使用实心黏土砖，并且还规定要严格控制实心黏土砖的年产量。

为了减少城市污染、改善大气环境、节约资源、提高质量。我国大力推广预拌混凝土和预拌砂浆，禁止在城市建筑工地现场拌制混凝土或砂浆。

为了防止辐射伤害，我国对矿渣、炉渣、粉煤灰、陶瓷、石材等可能含有放射性物质的材料规定了辐射量及适用范围等方面的标准；我国还对高分子制品、涂料、胶黏剂、胶合板等材料中的甲醛、苯类和挥发性有机物的含量，制定了相应的标准规范，以免这类物质对人体健康造成危害。

我国还针对性地对矿渣、炉渣、粉煤灰、煤矸石、建筑垃圾等固体废弃物,在水泥、砌体、混凝土、砂浆等土木工程材料中的利用,制定了具体的标准规范。建材绿色化满足可持续发展的需要,应用绿色建材可建造出更舒适、健康、安全的居住环境。

第二节 施工常用结构材料

一、建筑钢材

钢材属于金属材料,其品质均匀、强度高,具有一定的弹性和塑性变形能力,能够承受冲击、振动等荷载;同时,钢材的可加工性能好,易于装配施工。因此钢材是最重要的土木工程材料之一。钢材在建筑工程、市政工程和铁路建设中的使用相当广泛,除钢结构用的各类型钢、钢板、钢管和钢筋混凝土中用的各种钢筋、钢丝等外,还大量用作门窗和建筑五金等。

(一)钢材的性能

1. 冷弯性能

冷弯性能是指钢材在常温下承受弯曲变形的能力,是钢材的重要工艺性能指标。

钢材的冷弯性能,常用弯曲的角度 α,弯心直径 d 与试件直径(或厚度)a 的比值(d/a)来表示。弯曲角度愈大,d/a 愈小,试件的弯曲程度愈高。在钢材的技术标准中,对不同钢材的冷弯指标均有具体规定。当按规定的弯曲角度和 d/a 值对试件进行冷弯时,试件受弯曲部位表面不产生裂纹、起层或断裂，即认为冷弯性能合格。

钢材的冷弯性能和伸长率均是塑性变形能力的反映。伸长率反映的是钢材在均匀变形条件下的塑性变形能力，冷弯性能则是钢材在局部变形条件下的塑性变形能力。冷弯性能可揭示钢材内部结构是否均匀、是否存在内应力和夹杂物等缺陷。在土木工程中，还经常采用冷弯试验来检验钢材焊接接头的焊接质量。

2. 冲击韧性

冲击韧性是指钢材在冲击载荷作用下吸收塑性变形功和断裂功的能力。冲击韧性是通过标准试件的弯曲冲击韧性试验确定的。试验时，用摆锤冲击规定形状和尺寸试件的刻槽背面，将其打断，以试样在冲击试验力作用下折断所吸收的能量以冲击吸收功表示。

冲击吸收功的值越大，表明钢材的冲击韧性越好。钢材的冲击韧性受钢的化学成分、组织状态、冶炼和轧制质量、使用温度和时间的影响。钢材的冲击韧性对钢的化学成分、组织状态、冶炼和轧制质量都比较敏感。例如，钢中硫、磷的含量较高，存在化学偏析，含有非金属夹杂物及焊接形成的微裂纹等，均会使冲击韧性显著降低。

试验表明，钢材的冲击韧性随温度降低而下降，其规律是开始下降缓慢，当达到某一温度范围时，突然大幅度下降，而呈脆性，这种现象称为冷脆性。这时的温度范围称为脆性转变温度或脆性临界温度，该值越低，表明钢材的低温冲击韧性越好。因此，在选择负温下使用的钢材时，应选用脆性转变温度低于使用温度的钢材。

随着时间的延长，钢材的强度逐渐提高，塑性和冲击韧性下降的现象称为时效。完成时效变化的过程可达数十年，但钢材如经受冷加工变形或使用中受到振动及反复荷载的影响，可加速时效发展。

因时效而导致钢材性能改变的程度称为时效敏感性。时效敏感性越大的钢材，其冲击韧性随时间延长而下降的程度越显著。为了保证安全，对于承受动荷载的重要结构，应选用时效敏感性小的钢材。对在负温下工作的结构，应按照有关规范要求，进行钢材的冲击韧性检验。

3. 耐疲劳性

钢材在交变荷载反复作用下，在应力远低于抗拉强度的情况下发生突然破坏，这种现象称为疲劳破坏。疲劳破坏的危险应力用疲劳极限表示，它是指疲劳试验时试件在交变应力作用下，于规定的周期基数内不发生断裂所能承受的最大应力。

试验表明，钢材承受的交变应力越大，则断裂时的交变循环次数越少，相反，交变应力越小，则交变循环次数越多。当交变应力低于某一值时，交变循环进行无限次也不会产生疲劳破坏。对钢材而言，一般将承受交变荷载达 10^7 周次时不破坏的最大应力定义为疲劳强度。

测定疲劳强度时，应根据结构使用条件确定采用的应力循环类型、应力比值（或应力幅及平均应力）和周期基数。例如，测定钢筋的疲劳极限时，通常采用拉应力循环；对于非预应力筋的应力比一般为 0.1~0.8；预应力筋的应力比为 0.7~0.85；周期基数一般为 2×10 或 4×10 以上。

钢材的疲劳破坏是拉应力引起的。首先在局部开始形成微细裂纹，其后由于裂纹尖端处产生应力集中而使裂纹逐渐扩展直至疲劳断裂。钢材内部的晶体结构、偏析以及最大应力处的表面质量等因素均会明显影响疲劳强度。

在设计承受反复荷载且须进行疲劳验算的结构时，应当了解所用钢材的疲劳强度。

4. 硬度

钢材硬度是指钢材抵抗硬物压入产生局部变形的能力。测定硬度的方法很多，有布氏法、洛氏法和维氏法等，钢材常用的是布氏法和洛氏法。

布氏法是用一定直径的淬火钢球或碳化钨硬质合金球，在规定荷载的作用下压入试件表面，并保持一定时间，然后卸去荷载，以压痕表面积除荷载即得布氏硬度。布氏硬度试验方法压痕较大，试验数据准确、稳定，可用于测定软硬不同、厚薄不一的材料的硬度，所以应用十分广泛。

洛氏法是在洛氏硬度机上根据测量的压痕深度来计算硬度值。洛氏法操作简单迅速、压痕小，可测较薄材料的硬度，但试验的精确性稍低。

(二) 化学成分对钢材性能的影响

钢材中除铁、碳两种基本化学元素外，还含有硅、锰、磷、硫、氧、氮及一些合金元素。

1. 铁

铁是钢材中最基本的元素，钢中铁元素含量一般超过 97%，铁对钢材的性能产生着重要的影响。铁的含量与焙烧温度等条件密切相关。当铁含量较高时，钢材的韧性较差，易于脆断；而当铁含量较低时，钢材的延展性和韧性较好，而硬度和强度却相对较低。因此，制造钢材时需要根据要求的强度、硬度、韧性等要素来控制铁元素的含量。

2. 碳

碳是决定钢材性质的重要元素，它对钢材力学性能的影响表明，含碳量增加，钢的强度和硬度增加，塑性和韧性下降。但含碳量大于1.0%，钢材变脆，强度反而下降。含碳量增加，还会使焊接性能、耐锈蚀性能下降，并增加钢的冷脆性和时效敏感性。含碳量大于0.3%，焊接性明显下降。

3. 硫

硫是钢材中最主要的有害元素之一，硫含量是区分钢材品质的重要指标之一。

硫在钢材中以 FeS 的形式存在，它是一种低熔点化合物。钢材在焊接时，由于硫化物的熔点低，易形成热裂纹，这种高温下产生热裂纹的特性称为热脆性。热脆性严重损害钢的焊接性和热加工性。钢材中的硫，还会降低钢材所有的物理力学性能，如冲击韧性、耐疲劳性、抗腐蚀性等。因此，硫是碳素钢中的有害元素，一般不得超过0.055%。

4. 磷

磷是钢材的主要有害元素之一，含量一般不得超过0.045%，这也是区分钢材品质的重要指标之一。

磷是由炼铁原料带入的，它会显著降低钢材的塑性和韧性，特别是低温下的冲击韧性降低更为显著。在钢材中磷的分布不均匀，偏析较为严重，含量高时可与铁形成夹杂物。磷是使钢材的冷脆性增加、焊接性下降的重要原因。它可使钢材的强度、耐磨性、耐蚀性提高，与铜等合金元素共存时效果更为明显。

5. 硅、锰

硅和锰都是为脱氧除硫而加入的元素。因为硅、锰和氧的结合力大于铁与氧的结合力，锰与硫的结合力大于铁与硫的结合力，所以可使有害的氧化亚铁和硫化亚铁分别形成二氧化硫、氧化锰及硫化锰进入钢渣中。硫的减少，使钢的热脆性下降，力学性能得到改善。硅是钢的主要合金元素，含量常在1%以内，大部分溶于铁素体中，可提高强度，对塑性和韧性的影响不明显。

锰是低合金结构钢的主要合金元素，含量常为 1%～2%，溶于铁素体中，可细化晶粒，提高强度。

6. 氧、氮

氧和氮都是在炼钢过程中进入钢液的。未除尽的氧、氮大部分以化合物的形式存在，如氧化亚铁、一氮化四铁等。这些非金属化合物与夹杂物会降低钢材的强度、冷弯性能和焊接性能。氧会使热脆性增加，氮会使冷脆性和时效敏感性增加。因此，氧和氮属于有害元素，在钢中氧含量不得超过 0.05%，氮含量不得超过 0.03%。如果在钢中存在少量铝、钒、锆等合金元素，氮与它们发生反应，形成氮化物，使晶粒细化，改善钢材的性能。这时，氮元素不应视为有害元素。

7. 钛

钛是强脱氧剂，能细化晶粒，显著提高钢材的强度，并改善韧性，减少钢材的时效敏感性，改善焊接性，但塑性稍有降低，是常用的合金元素。

8. 钒

钒是弱脱氧剂，也易形成碳化物和氮化物。能细化晶粒，有效提高强度，减少钢材的时效敏感性。钒与碳、氮、氧等有害元素亲和力很强，会增加焊接时的淬硬倾向。

（三）钢材的加工

1. 冷加工

工程应用中常用的冷加工形式有：

（1）冷拉

冷拉是在常温条件下，以超过原来钢筋屈服强度的拉应力拉伸钢筋，使钢筋产生塑性变形以达到提高钢筋屈服强度和节约钢材的目的。

（2）冷拔

冷拔是指将钢材从孔径略小于被拔钢丝直径的硬质拔丝模中强力拔出，使钢材断面减小，而长度伸长的工艺过程。经常用来冷拔的钢材为低碳钢丝。

（3）冷轧

冷轧是指钢材在常温状态下通过硬质轧辊，对钢材进行的轧制加工和热处理的过程。将冷加工后的钢材，在常温下存放 15~20d 或在 100~200℃ 条件下存放一段时间（2~3h），称为时效处理。前者为自然时效处理，后者为人工时效处理。钢材经时效处理后，屈服强度将进一步提高，抗拉强度也随之提高，硬度增加，弹性模量基本恢复，但塑料和韧性将进一步降低。

钢材经冷加工强化和时效处理后，屈服强度将有所提高，抗拉强度也相对提高，硬度增加，弹性模量基本恢复，但塑性和韧性将有所降低。

钢材经过冷加工具有如下意义：

一方面，可节约钢材、提高强度。一般冷拉后的钢材屈服强度提高20%～30%，冷拔后的钢材屈服度提高40%～90%，时效处理后还可以使抗拉强度提高。钢筋混凝土结构计算中可适当减小钢筋截面积或减少配筋率，一般可节约钢材20%～30%。

另一方面，可简化施工工艺。冷拉的过程可使盘条钢筋的开盘、矫直、冷拉三道工序合为一道工序；对于直条钢筋则可使矫直、除锈、冷拉三道工序合为一道工序。工程中冷加工和时效一般同时采用，冷拉控制参数和时效方法应通过试验确定。强度较低的钢筋采用自然时效，强度较高的钢筋采用人工时效。钢筋的冷拉可采用控制应力或控制冷拉率的方法。

2. 热处理

热处理可以改变钢材的晶体组织和显微结构，或消除由于冷加工在材料内部产生的内应力，从而改变钢材的力学性能。热处理一般仅在钢材生产厂或加工厂进行，并以一定的热处理状态供应用户。在工程现场，有时须对焊接件进行热处理。常用的热处理方法有淬火、回火、退火和正火等。

(1) 淬火

淬火是将钢加热到723～910℃（依含碳量而定）以上的某一温度，保温使其晶体组织完全转变后，立即在水或油中淬冷的工艺过程，称为淬火。常见的淬火工艺有盐浴淬火、马氏体分级淬火、贝氏体等温淬火、表面淬火和局部淬火。淬火后的钢材，强度和硬度大为提高，塑性和韧性明显下降。

（2）回火

回火是将淬火后的钢材在723℃以下的温度范围内重新加热，保温后按一定速度冷却至室温的过程，称为回火。回火可消除淬火产生的内应力，恢复塑性和韧性，但钢材的硬度会下降。根据加热温度分为高温回火（500～650℃）、中温回火（300～500℃）和低温回火（150～250℃）。加热温度愈高，硬度降低愈多，塑性和韧性恢复愈好。在淬火后随即采用高温回火，称为调质处理。经调质处理的钢材，在强度、塑性和韧性方面均有较大改善。

（3）退火

退火是将钢材加热到723～910℃（依含碳量而定）的某一温度后，然后在退火炉中保温，缓慢冷却的工艺过程，称为退火。常见的退火工艺有：再结晶退火、去应力退火、球化退火、完全退火等。退火能消除钢材中的内应力，改善钢的显微结构，细化晶粒，以达到降低硬度、提高塑性和韧性的目的。冷加工后的低碳钢，常在650～700℃的温度下进行退火，提高其塑性和韧性。

（4）正火

正火也称正常化处理，是将钢材加热到723～910℃或更高温度，然后在空气中冷却的工艺过程。正火主要是提高低碳钢的力学性能，正火处理的钢材，能获得均匀细致的显微结构，与退火处理相比较，钢材的强度和硬度提高，但塑性较退火为小。

（四）建筑钢材的品种与选用

土木工程中常用的钢材有钢结构用的型钢和钢筋混凝土结构用的钢筋、钢丝两大类。各种型钢和钢筋的性能，主要取决于所用的钢种及其加工方法。在土木工程中，所用钢材的主要钢种有碳素结构钢、优质碳素结构钢和低合金结构钢。

1. 碳素结构钢

根据国家标准 GB/T 700-2006《碳素结构钢》，碳素结构钢按屈服强度分为 Q 195、Q 215、Q 235 和 Q 275 共 4 个牌号，每个牌号又根据硫、磷等有害杂质的含量分成若干等级。碳素结构钢的牌号由代表钢材屈服点的字母"Q"、屈服强度数值、质量等级符号和脱氧程度符号 4 个部分按顺序组成。其中，质量等级分为 A、B、C、D 共 4 级；脱氧程度符号为沸腾钢用"F"表示，镇静钢用"Z"表示，特殊镇静钢用"TZ"表示，当为镇静钢或特殊镇静钢时，"Z"与"TZ"可以省略。例如，Q235-C 表示屈服强度不小于 235MPa，质量等级为 C 级，即硫、磷含量均小于 0.04%，脱氧程度为镇静钢的碳素结构钢。

碳素结构钢牌号越大，含碳量越高，屈服强度和抗拉强度提高，伸长率降低，冷弯性能变差，可焊性也降低。在碳素结构钢中，Q 195、Q 215 强度低，塑性和韧性较好，易于冷弯加工。常用于制作钢钉、铆钉、螺栓等。Q 235 的含碳为 0.17%~0.22%，属于低碳钢，具有较高的强度，良好的塑性、韧性和焊接性，能满足一般钢结构和钢筋混凝土结构用钢的要求，加之冶炼方便、成本较低，在土木工程中应用十分广泛。Q 275 钢强度高，但塑性和韧性较差，可焊性也较差，不易焊接和冷弯加工，可用于轧制钢筋，作螺栓配件等，更多地用于机械零件和工具等。

2. 优质碳素结构钢

按国家标准 GB/T 699-2015《优质碳素结构钢》的规定，优质碳素结构钢根据锰含量的不同可分为：普通锰含量（锰含量<0.8%）和较高锰含量（锰含量为 0.7%~1.2%）两组。优质碳素结构钢的钢材一般以热轧状态供应，硫、磷等杂质含量比普通碳素钢少，其他缺陷限制也较严格，所以性能好，质量稳定。优质碳素结构钢的牌号用两位数字表示，它表示钢中平均含碳量的万分数。例如，45 号钢，表示钢中平均含碳量为 0.45%数字后若有"锰"字或"Mn"，则表示属较高锰含量钢，否则为普通锰含量钢。例如，35Mn 表示平均含碳量为 0.35，含锰量为 0.7%~1.0%。若是沸腾钢或半镇静钢，还应在牌号后面加上"沸"（或F）或"半"（或 b）。

优质碳素结构钢成本较高，仅用于重要结构的钢铸件及高强度螺栓等。例如，用 30、35、40 及 45 号钢作高强度螺栓，45 号钢还常用作预应力钢筋的锚具。65、75、80 号钢可用来生产预应力混凝土用的碳素钢丝、刻痕钢丝和钢绞线。

3. 低合金高强度结构钢

根据国家标准 GB/T 1591-2018《低合金高强度结构钢》的规定，低合金高强度结构钢分为 Q 295、Q 345、Q 390、Q 420 和 Q 460 共 5 个牌号。每个牌号根据硫、磷等有害杂质的含量，分为 A、B、C、D 和 E 共 5 个等级。低合金高强度结构钢均为镇静钢，其牌号由代表钢材屈服强度的字母"Q"、屈服强度值、质量等级符号三个部分按顺序组成。例如，Q 345B 表示屈服强度不小于 345MPa，质量等级为 B 级的低合金高强度结构钢。

低合金高强度结构钢不但具有较高的屈服强度和抗拉强度，而且具有较好的塑性、韧性和焊接性，耐低温性较好，时效敏感性也较小，但成本与碳素结构钢相近。因此，它是一种综合性能较好的钢材。

在承载力相当的条件下，采用低合金高强度结构钢，可少用钢材 20%～30%，在钢结构、高层建筑、桥梁、钢筋混凝土尤其是预应力钢筋混凝土中，广泛应用着用低合金高强度结构钢轧制的型钢、钢板、钢管及钢筋。

4. 细晶粒钢和超细晶粒钢

细晶粒钢又名本质细晶粒钢，是金属材料通过一些热处理方法细化晶粒使其本质晶粒度达到 5～8 级，从而提高其机械性能的钢材。本质晶粒度是指钢在一定条件下奥氏体晶粒长大的倾向性，在 930±10℃ 保温 3～8h 后测定奥氏体晶粒。

在传统钢材中，晶粒尺寸在 100μm 以下就称为细晶粒钢，即传统细晶粒钢。随着冶金技术和生产工艺的不断进步，细晶的尺寸不断缩小，甚至达到了微米、亚微米，这就产生了超细晶粒钢。超细晶粒钢是指通过特殊的冶炼和轧制方法得到的晶粒尺寸在微米级或亚微米级的新一代超强结构钢，它是先进高性能结构材料的代表。其强度与目前相同成分的普通钢材相比要高 1 倍左右。由于超细晶粒钢具有优良的抗疲劳性能、良好的焊接性、较高的强度及良好的低温韧性等优点，在各个领域得到了广泛的应用。

（五）常用的建筑钢材

1. 钢筋

钢筋主要用于混凝土结构，钢筋混凝土结构用普通钢筋和预应力混凝土用预应力钢筋。通常将公称直径为 8~40mm 的称为钢筋，公称直径不超过 8mm 的称为钢丝。主要有以下几种：

（1）热轧钢筋

热轧钢筋是普通钢筋混凝土结构用钢的主要品种。从外形可分为光圆钢筋和带肋钢筋，与光圆钢筋相比，带肋钢筋与混凝土之间的握裹力大，共同工作的性能较好。

我国国家标准 GB/T 1499.1-2017《钢筋混凝土用钢第 1 部分：热轧光圆钢筋》、GB/T 1499.2-2018《钢筋混凝土用钢第 2 部分：热轧带肋钢筋》和 GB/T 13014-2013《钢筋混凝土用余热处理钢筋》规定了钢筋混凝土所用钢筋的技术要求。

《混凝土结构设计规范》（GB 50010-2010）提倡用 HRB400 级和HRB33500 级钢筋作为我国钢筋混凝土结构的主力钢筋；用高强度的预应力钢绞线、钢丝作为我国预应力混凝土结构的主力筋。

（2）冷轧带肋钢筋

冷轧带肋钢筋是以普通低碳钢或低合金钢热轧盘条为母材，经多道冷轧（拔）减径后，在其表面冷轧成三面有肋的钢筋。GB/T 13788-2017《冷轧带肋钢筋》规定，冷轧带肋钢筋按抗拉强度分为 CRB 550、CRB 650、CRB 800、CRB 970 共 4 个牌号，其牌号由 CRB 和钢筋的抗拉强度最小值表示。

CRB 550 级宜用于钢筋混凝土结构的受力主筋、架立筋、箍筋和构造钢筋。CRB 650、CRB 800 和 CRB 970 级钢筋宜用于预应力结构构件中的受力主筋，使用上述钢筋的钢筋混凝土构件不宜在温度低于零下 30℃时使用。

（3）冷轧扭钢筋

冷轧扭钢筋是采用低碳热轧圆盘（Q 235）钢材经冷轧扁和冷扭转而成的具有连续螺旋状的钢筋。

该钢筋刚度大，不易变形，与混凝土的握裹力大，无须再加工（预应力或弯钩），可直接用于混凝土工程，节约钢材 30%，使用冷轧扭钢筋可减小板的设计厚度、减轻自重，施工时可按需要将成品钢筋直接供应现场铺设，免除现场加工钢筋，改变了传统加工钢筋占用场地，不利于机械化生产的弊端。冷轧扭钢筋主要适用于板和小梁等构件。

（4）预应力混凝土用钢丝和钢绞线

预应力混凝土用钢丝是用优质高碳钢盘条，经酸洗、冷拉或冷拉再回火等工艺制成，故有冷拉钢丝与消除应力钢丝两种。为了增加混凝土与钢丝之间的握裹力，还可在碳素钢丝表面压痕制成刻痕钢丝。

GB/T 5223-2014《预应力混凝土用钢丝》规定：预应力钢丝分为冷拉钢丝（代号为 WCD）、消除应力钢丝两类；消除应力钢丝按松弛性能又分为低松弛级钢丝（代号为 WLR）和普通松弛级钢丝（代号为 WNR）。钢丝按外形分有：光圆钢丝（代号为 P）、螺旋肋钢丝（代号为 H）和刻痕钢丝（代号为 I）。

预应力混凝土用钢绞线是采用 2、3 或 7 根高强度钢丝经绞捻（一般为左捻）、热处理消除内应力而制成，其结构分为 5 类：用 2 根钢丝捻制的钢绞线；用 3 根钢丝捻制的钢绞线；用 3 根钢丝捻制又经模拔的钢绞线；用 7 根钢丝捻制的标准型钢绞线；用 7 根钢丝捻制又经模拔的钢绞线。

这些产品均属预应力混凝土专用产品，具有强度高、安全可靠等特点。主要用于薄腹梁、吊车梁、电杆、大型屋架、大型桥梁等预应力混凝土结构中。

2. 型钢和钢板

钢结构所用钢材主要是型钢和钢板。型钢有热轧和冷轧两种，钢板也有热轧和冷轧两种。

（1）热轧型钢

钢结构常用的型钢有工字钢、H 型钢、T 型钢、槽钢、角钢等，型钢由于截面形式合理，材料在截面上的分布对受力有利，且构件间连接方便，所以型钢是钢结构中采用的主要钢材。钢结构用钢的钢种和钢号，主要根据结构的重要性、荷载特征、结构形式、应力状态、连接方法、钢材厚度和工作环境等因素选择。对于承受动力荷载或振动荷载的结构，处于低温环境的结构，应选择韧性好、脆性临界温度低的钢材。对于焊接结构，应选用碳含量符合要求、焊接性较好的钢材。

我国钢结构用热轧型钢主要是碳素结构钢和低合金高强度结构钢。在碳素结构钢中，主要采用 Q 235 钢，但焊接结构和重要结构采用 Q 235-A 时，应保证焊接性能和冷弯性能。在低合金高强度结构钢中，主要采用 Q 345 钢、Q 390 钢和 Q 420 钢，可用于大跨度、高耸结构、承受动荷载的钢结构。

（2）冷弯薄壁型钢

冷弯薄壁型钢通常是由 2~6mm 的薄钢板经冷弯或模压而成。有结构用冷弯空心型钢和通用冷弯开口型钢。按形状有角钢、槽钢等开口薄壁型钢及方形、矩形等空心薄壁型钢，可用于轻型钢结构。

（3）钢板和压型钢板

钢板是矩形平板状的钢材，可直接轧制或由宽钢带剪切而成。按轧制温度的不同，钢板分为热轧钢板和冷轧钢板。热轧钢板按厚度分为厚板（厚度大于 4mm）和薄板（厚度为 0.35~4mm）；冷轧钢板只有薄板（厚度为 0.2~4mm）。厚板可用于型钢的连接与焊接，组成钢结构的受力构件。在土木工程中，用于钢板的钢种主要是碳素结构钢和低合金结构钢。薄板可用作屋面或墙面，也可作为薄壁型钢等的原料。

（六）建筑钢材防腐措施

从钢材腐蚀原因的分析可知，欲防止钢材的腐蚀，可采取以下 3 方面的措施：

1. 涂敷保护膜

使金属与周围介质隔离，既不能产生氧化锈蚀反应，也不能形成腐蚀原电池。例如，在钢材表面涂刷各种防锈涂料（红丹±灰铅油、环氧富锌、醇酸磁漆、氯磺化聚乙烯防腐涂料等），搪瓷，塑料，喷镀锌、镉、铬、铝等防护层，均能防止钢材锈蚀。

2. 电化学防腐

电化学防腐包括阳极保护和阴极保护，适用于不容易或不能涂敷保护膜层的钢结构。例如，蒸汽锅炉、地下管道、港口工程结构等。

阳极保护是在钢结构附近安放一些废钢铁或其他难熔金属，如高硅铁、铝、银合金等，外加直流电源（可用太阳能电池），将负极接在被保护的钢结构上，正极接在难熔的金属上。通电后难熔金属成为阳极而被腐蚀，钢结构成为阴极得到保护。阳极保护也称外加电流保护法。阴极保护是在被保护的钢结构上接一块较钢铁更为活泼（电极电位更低）的金属，如锌、镁等，使锌、镁成为腐蚀电池的阳极被腐蚀，钢结构成为阴极得到保护。

3. 制成合金钢

在钢中加入能提高防腐能力的合金元素，如铬、镍、钛、铜等。在低碳钢或合金钢中加入适量铜，可明显提高其防腐蚀能力，在铁合金中加入 17%~20%铬、7%~10%镍，可制成高镍铬不锈钢。在土木工程中，大量应用的钢筋混凝土中的钢筋，由于水泥水化产生大量 $Ca(OH)_2$，pH 值达 12 以上，处于这种强碱性环境中的钢筋，由于形成钝化膜，防止了钢筋的锈蚀。随着混凝土的碳化，pH 值下降，钢筋表面钝化膜破坏，此时若具备了潮湿、供氧条件，钢筋将产生电化学腐蚀。

采用不锈钢、电化学防腐和加保护膜的方法固然可以防止钢筋锈蚀，但从经济等角度考虑，实际上是难以实现的。在实际工程中，通常是通过严格控制混凝土的保护层厚度，保证在设计年限内碳化深度不到达钢筋表面，防止钢筋锈蚀。为此，应控制混凝土的最大水胶比和最小水泥用量，保证混凝土具有较好的密实度，减缓碳化进程。在混凝土中掺用高效减水剂和阻锈剂等，可以降低用水量，提高密实度，从而有效地阻止钢筋锈蚀。水中混凝土由于缺乏供氧条件，碳化过程难以进行，也不会生锈。

二、建筑木材

木材广泛用于土木建筑工程，如屋架、梁、柱、支撑、门窗、地板、桥梁、混凝土模板以及室内装修等，在结构工程和装饰工程中有重要的地位。

木结构在我国有着悠久的历史，北京故宫、天坛祈年殿、应县木塔等都是典型的木结构建筑。但由于资源有限，一个时期以来，木结构的使用受到严格的限制。随着经济建设和房屋建设多样性的发展，人们积极总结和吸收国内外设计与应用木结构的成熟经验，特别是现代木结构的先进技术，木结构的实际应用目前已到了一个新的阶段。木材宜作为结构的受压或受弯构件。

在现代的装修装饰工程中，木材的天然纹理、温和色调、绿色环保等特性得到充分发挥，是装饰工程关键性的材料。

木材具有许多优良性能，如轻质高强，即比强度大；有较高的弹性和韧性，耐冲击和振动；易于加工；长期保持干燥或长期置于水中，均有很高的耐久性；导热性低；大部分木材都具有美丽的纹理，装饰性好。但木材也存在缺点，如内部构造不均匀，导致各向异性；湿胀干缩大，引起膨胀或收缩；易腐朽、虫蛀；耐火性差；天然疵点较多等。不过，采取一定的加工和处理后，这些问题可以得到相当程度的减轻。

（一）木材的构造

1. 宏观构造

木材是非均质材料，其构造应从树干的 3 个主要切面来剖析：

横切面——垂直于树轴的切面；

径切面——通过树轴的纵切面；

弦切面——平行于树轴的切面。

树木由树皮、木质部（边材和心材）和髓心所组成。树皮由外皮、软木组织（栓皮）和内皮组成。有些树种（如栓皮栎、黄菠萝）的软木组织较发达，可用作绝热材料和装饰材料。髓心位于树干的中心，由最早生成的细胞所构成，其质地疏松而脆弱，易被腐蚀和虫蛀。木质部是位于髓心和树皮之间的部分，是建筑材料使用的主要部分。

（1）年轮、早材和晚材

树木生长呈周期性，在一个生长周期内所产生的一层木材环轮称为一个生长轮。树木在温带气候一年仅有一度的生长，所以生长轮又称为年轮。从横切面上看，年轮是围绕髓心深浅相间的同心环。在同一生长年中，春天细胞分裂速度快，细胞腔大壁薄，所以构成的木质较疏松，颜色较浅，称为早材或春材；夏秋两季细胞分裂速度慢，细胞腔小壁厚，构成的木质较致密，颜色较深，称为晚材或夏材。

一年中形成的早、晚材合称为一个年轮。相同的树种，径向单位长度的年轮数越多，分布越均匀，则材质越好。同样，径向单位长度的年轮内晚材含量（称晚材率）越高，则木材的强度也越大。

（2）边材和心材

有些树种在横切面上，材色可分为内、外两大部分。颜色较浅靠近树皮部分的木材称为边材，颜色较深靠近髓心部分的木材称为心材。在立木时期，边材具有生理功能，能运输和贮藏水分、矿物质、营养物，边材逐渐老化而转变成心材。心材无生理活性，仅起支撑作用。与边材相比，心材中有机物积累多，含水量少，不易弯曲变形，耐腐蚀性好。

（3）髓线

髓线（又称木射线）由横行薄壁细胞所组成，它的功能为横向传递和储存养分。从横切面上看，髓线以髓心为中心，呈放射状分布；从径切面上看，髓线为横向的带条。阔叶树的髓线一般比针叶树发达。通常髓线颜色较浅且略带光泽。有些树种（如栎木）的髓线较宽，其径切面常呈现出美丽的银光纹理。

（4）树脂道和导管

树脂道是大部分针叶树所特有的构造。它是由泌脂细胞围绕而成的孔道，富含树脂。在横切面上呈棕色或浅棕色的小点。在纵切面上呈深色的沟槽或浅线条。导管是一串纵行细胞复合生成的管状构造，起输送养料的作用。导管仅存在于阔叶树中，所以阔叶树材也叫有孔材；针叶材没有导管，因而又称为无孔材。

2. 微观结构

在显微镜下观察，木材是由无数管状细胞紧密结合而成的。它们绝大部分纵向排列，少数横向排列。每一个细胞分为细胞壁和细胞腔两部分。细胞壁由纤维素、半纤维素、木质素三种成分构成。纤维素的化学结构为长链分子，大多数纤维素沿细胞长轴呈小角度螺旋状成束排列。半纤维素的化学结构类似纤维素，但分子链较短。木质素是一种无定形物质，其作用是将纤维素和半纤维素黏结在一起，构成坚韧的细胞壁，使木材具有强度和刚度。木材的细胞壁愈厚，腔愈小，木材愈密实，强度也愈大，但胀缩也大。

细胞因功能不同，可分为许多种，树种不同，其构成细胞也不同。针叶树主要由管胞组成，它占木材总体积的90%上，起支撑和输送养分的作用；另有少量纵行和横行薄壁细胞起储存和输送养分作用。阔叶树由导管分子、木纤维、纵行和横行薄壁细胞组成。导管分子是构成导管的一个细胞，导管约占木材体积的20%；木纤维是一种壁厚、腔小的细胞，起支撑作用，其体积占木材体积50%上；薄壁细胞的横切面呈方形或长方形，纵切面末端细胞披针形，中间细胞方形或直立长方形。

3. 木材的使用缺陷

木材在生长、采伐、储运、加工和使用过程中会产生一些缺陷（疵病），如节子、裂纹、夹皮、斜纹、弯曲、伤疤、腐朽和虫蛀等。这些缺陷不仅降低木材的力学性能，而且影响木材的外观质量。其中节子、裂纹和腐朽对材质的影响最大。

（1）节子

埋藏在树干中的枝条称为节子。活节由活枝条所形成，与周围木质紧密连生在一起，质地坚硬，构造正常。死节由枯死枝条所形成，与周围木质大部或全部脱离，质地坚硬或松软，在板材中有时脱落而形成空洞。木节对木材质量的影响随木节的种类，分布位置、大小、密集程度及木材的用途而不同。健全活节对木材力学性能无不利影响，死节、腐朽节和漏节对木材力学性能和外观质量影响最大。

（2）裂纹

木材的纤维与纤维之间分离所形成的缝隙称为裂纹。在木材内部，从髓心沿半径方向开裂的裂纹称为径裂，沿年轮方向开裂的裂纹称为轮裂，纵裂是沿材身顺纹理方向、由表及里的径向裂纹。木材裂纹主要是在立木生长期因环境或生长应力等因素或因不合理干燥而引起。裂纹破坏了木材的完整性，影响木材的利用率和装饰价值，降低木材的强度，也是真菌侵入木材内部的通道。

（二）木材的特性

1. 木材和水分

各种木材的分子构造基本相同，木材的密度基本相等，一般为 $1.44\sim1.57kg/m^3$，平均值为 $1.54kg/m^3$。由于木材细胞组织中的细胞腔及细胞壁中存在大量微小的孔隙，加之细胞之间存在间隙，木材的表观密度较小，一般为 $300\sim800kg/m^3$。木材的密度与表观密度相差较大，因此孔隙率很大，一般达到 $50\%\sim80\%$。

（1）含水量

木材中的含水量以含水率表示，即木材中所含水的质量占干燥木材质量的百分数。新伐树木称为生材，其含水率一般为 $70\%\sim140\%$。木材气干含水量因地而异，南方一般为 $15\%\sim20\%$，北方一般为 $10\%\sim15\%$。窑干木材的含水率一般为 $4\%\sim12\%$。

（2）木材中的水

木材中所含水分可分为自由水和吸附水两种：

①自由水。存在于木材细胞腔和细胞间隙中的水分。自由水影响木材的表观密度、保存性、抗腐蚀性和燃烧性。

②吸附水。被吸附在细胞壁基体相中的水分。由于细胞壁基体的纤维构造，具有较强的亲水性，且能吸附和渗透水分，所以水分进入木材

后首先被吸入细胞壁。吸附水是影响木材强度和胀缩的主要因素。

（3）纤维饱和点

湿木材在空气中干燥时，当自由水蒸发完毕而吸附水尚处于饱和时的状态，称为纤维饱和点。此时的木材含水率称为纤维饱和点含水率，其大小随树种而异，通常介于 25%～35%。纤维饱和点含水率的重要意义不在其数值的大小，而在于它是木材许多性质在含水率影响下开始发生变化的转折点。在纤维饱和点之上，含水量变化是自由水含量的变化，它对木材强度和体积影响甚微；在纤维饱和点之下，含水量变化即吸附水含量的变化将对木材强度和体积等产生较大的影响。

（4）平衡含水率

潮湿的木材会向较干燥的空气中蒸发水分，干燥的木材也会从湿空气中吸收水分。木材长时间处于一定温度和湿度的空气中，当水分的蒸发和吸收达到动态平衡时，其含水率相对稳定，这时木材的含水率称为平衡含水率。木材平衡含水率随周围空气的温度、湿度变化而变化。所以各地区、各季节的木材平衡含水率常不相同，事实上，不同树种的木材之间的平衡含水率也有差异。

2. 木材的干湿变形特性

木材具有显著的湿胀干缩性。当木材从潮湿状态干燥至纤维饱和点时，自由水蒸发不改变其尺寸；当继续干燥，细胞壁中吸附水，细胞壁基体相收缩，从而引起木材体积收缩。反之，干燥木材吸湿时将发生体积膨胀，直到含水量达纤维饱和点时为止。细胞壁愈厚，则胀缩愈大。因而，表观密度大、夏材含量多的木材胀缩变形较大。

由于木材构造不均匀，各方向、各部位胀缩也不同，其中弦向膨缩最大，径向次之，纵向最小，边材大于心材。一般新伐木材完全干燥时，弦向收缩率为 6%~12%，径向收缩率为 3%~6%，纵向收缩率为 0.1%~0.3%，体积收缩率为 9%~14%，细胞壁基体相失水收缩时，纤维素束沿细胞轴向排列限制了在该方向收缩，且细胞多数沿树干纵向排列，所以木材主要表现为横向收缩。由于复杂的构造原因，木材弦向收缩总是大于径向，弦向收缩与径向收缩比率通常为 2：1。

木材湿胀干缩性将影响到其实际使用。干缩会使木材翘曲开裂、接榫松弛、拼缝不严，湿胀则造成凸起。为了避免这种情况，在木材加工制作前必须预先进行干燥处理，使木材的含水率比使用地区平衡含水率低 2%~3%。

3. 木材的力学特性

由于木材构造的方向性使其强度呈现出明显的各向异性，按不同的受力状态可分为顺纹受力（作用力与木材纵向纤维方向平行）和横纹受力（作用力与木材纵向纤维方向垂直），而横纹受力又可分为弦向受力和径向受力，再结合力的作用形式，木材有顺纹抗压、横纹抗压、顺纹抗拉、横纹抗拉、顺纹抗剪、横纹抗剪、横纹切断和抗弯（也称静弯曲或静曲）8 种强度类型。在工程上木材以作柱、梁、弦杆、垫木、螺旋桨等为常见，因此其力学强度则以顺纹抗拉强度、顺纹抗压强度、静弯曲强度、顺纹抗剪强度为主，它们称为木材的基本力学强度。

木材的强度与木材中承受外力作用的厚壁细胞有关，这类细胞越多，细胞壁越厚，则强度越高。因此，可以认为木材的表观密度越高，晚材的百分率越多，则强度越高。

木材强度的检验是用无疵点的木材制成标准试件，按木材物理力学试验方法的一系列国家标准进行测定。

木材强度等级按无疵标准试件的弦向静曲强度，即抗弯强度来评定。结构用木材的材质分为：针叶材质（用 C 代表）、阔叶材质（用 B 代表）。如 TB 17，表示为阔叶材质，而抗弯强度为 17MPa。

在普通木结构用木材的设计指标中，可根据木材品种的不同选择相适用的强度等级。或根据不同的强度等级要求选择合适的木材品种。例如，针叶树种木材适用的强度等级具体如下：

强度等级为 TC 17 的有柏木、长叶松、粗皮落叶松、湿地松、东北落叶松、欧洲赤松、欧洲落叶松。

强度等级为 TC 15 的有铁杉、油杉、太平洋海岸黄柏、花旗松-落叶松、西部铁杉、南方松；鱼鳞云杉、西南云杉、南亚松。

强度等级为 TC 13 的有油松、新疆落叶松、云南松、马尾松、扭叶松、北美落叶松、海岸松；红皮云杉、丽江云杉、樟子松、红松、西加云杉、俄罗斯红松、欧洲云杉、北美山地云杉，北美短叶松。

强度等级为 TC 11 的有西北云杉、新疆云杉、北美黄松、云杉-松-冷杉、铁-冷杉、东部铁杉、杉木；冷杉、速生杉木、速生马尾松、新西兰辐射松。

再如，阔叶树种木材适用的强度等级具体如下：

强度等级为 TB 20 的有青冈、栲木、门格里斯本、沉水木、克隆木、绿心木、紫心木、李叶苏木、塔特布木。

强度等级为 TB 17 的有栎木、达荷玛木、萨佩莱木、苦油树、毛罗藤黄。

强度等级为 TB 15 的有锥果、桦木、黄梅兰蒂、梅萨瓦木、水曲柳、红劳罗木。

强度等级为 TB 13 的有深红梅兰蒂、浅红梅兰蒂、巴西红厚壳木。

强度等级为 TB 11 的有大叶椴、小叶椴。

（三）木材在土木工程中的应用

1. 木材的产品

承重结构用木材，分为原木、锯材（方木、板材、规格材）和胶合材，其用途具体如下：

（1）原木

原木是除去根、梢、枝和树皮并加工成一定长度和直径的木段，主要用作屋梁、檩、椽、柱、桩木、电杆、坑木等，也可用于造船、车辆、机械模型、加工锯材和胶合板等。

（2）锯材

第一，板材：宽度≥3 倍厚度，其中薄板厚度为 12～21mm，用作门芯板、隔断、水装修等；中板厚度 25～30mm，用作屋面板、装修、地板等；厚板：厚度 40～60mm，主要用作门窗。

第二，方材：宽度<3 倍厚度，其中小方截面积 54cm² 以下，主要用作椽条，吊顶隔栅；中方截面积 55～100cm²，主要用作支撑、搁栅、扶手、檩条；大方截面积 101～225cm²，要用作屋架，檩条；特大方截面积 226cm²，主要用作木或钢木屋架。

第三，规格材：木材截面的宽度和高度按规定尺寸加工的规格化木材，主要用作轻型木结构。

（3）胶合材

以木材为原料通过胶合压制成的柱型材和各种板材的总称，主要用于承重结构。

2. 常用人造板材在土木工程中的应用

（1）胶合板

胶合板是由 3 层或 3 层以上的单板按对称原则、相邻层单板纤维方向互为直角组坯胶合而成的板材。

胶合板有多种形式，全部由单板组成的胶合板称为全单板结构的胶合板，单板的层数应为奇数，常见的有三夹板、五夹板和七夹板等；多层单板以顺纹方向为主组坯胶合而成的结构材称为单板层积材；由木条组成的拼板或木框结构外覆单板、胶合板或其他材料而制成的板材称为细木工板，依芯板内有无空隙分为实心和空心细木工板。用刨花板或纤维板等板材代替芯板，外覆单板及其他片状材料胶合而成的板材称为复合胶合板。

胶合板多数为平板，也可经一次或几次弯曲处理制成曲形胶合板。

根据《胶合板第 3 部分：普通胶合板通用技术条件》（GB/T 9846.3-2004）规定普通胶合板分为以下 3 类：

Ⅰ类胶合板，即耐气候胶合板，供室外条件下使用，能通过煮沸试验；

Ⅱ类胶合板，即耐水胶合板，供潮湿条件下使用，能通过（63±3℃）热水浸渍试验；

Ⅲ类胶合板，即不耐潮胶合板，供干燥条件下使用能通过干燥试验。

胶合板克服了木材的天然缺陷和局限，大大提高了木材的利用率，其主要特点是：消除了天然疵点、变形、开裂等缺点，各向异性小，材质均匀，强度较高；纹理美观的优质材做面板，普通材做芯板，增加了装饰木材的出产率；因其厚度小、幅面宽大，产品规格化，使用起来很方便。胶合板常用作门面板、隔墙，顶棚、墙裙等室内高级装修。

室内用胶合板的甲醛释放量应符合规定。

（2）纤维板

纤维板是以木材或其他植物纤维为原料，经分离成纤维，施加或不施加各类添加剂，成型热压而制成的板材。

为了提高纤维板的耐燃性和耐腐性，可在浆料里施加或在湿板坯表面喷涂耐火剂或防腐剂。纤维板材质均匀，完全避免了节子、腐朽、虫眼等缺陷，且胀缩性小，不翘曲，不开裂。纤维板按表观的密度大小分类，可分为以下 3 类：硬质纤维板、中密度纤维板和软质纤维板。

硬质纤维板密度大、强度高，主要用作壁板、门板、地板、家具和室内装修等。中密度纤维板是家具制作和室内装修的优良材料。软质纤维板表观密度小、吸声绝热性能好，可作为吸声或绝热材料使用。

（3）刨花板

刨花板是由木材碎料（木刨花、锯末或类似材料）或非木材植物碎料（亚麻屑、甘蔗清、麦秸、稻草或类似材料）与胶黏剂一起热压而成的板材。所用胶结材料有动物胶、合成树脂、水泥、石膏和菱苦土等；若使用无机胶结材料，则可大大提高板材的耐火性。表观密度小、强度低的板材主要作为绝热和吸声材料，表面喷以彩色涂料后，可以用于天花板等；表观密度大、强度较高的板材可粘贴装饰单板或胶合板作饰面层，用作隔墙等。

（4）常见木材装饰制品

第一，木地板。

其分为条木地板和拼花木地板两种。条木地板具有弹性好、脚感舒适、木质感强等特点，原料可采用松、杉等软木，也可采用柞、榆、柚木等硬木材。条板宽度一般不超过120mm，板厚20~30mm，条木地板拼缝处可平头、企口或错口，适用于体育馆、舞台、住宅等的地面装饰。拼花木地板主要采用阔叶树中水曲柳、柞木、核桃木、柚木等不易腐蚀的硬木材制作成条状小板条，施工时拼装成美观的图案花纹，如芦席纹、轻水墙纹、人字纹等，主要适用宾馆、饭店、会议室，展览室、体育馆等较高档的地面装饰。

第二，木装饰线条。

木装饰线条是主要用于平面接合处、分界面、层次面、衔接口等的收边封口材料。线条在室内装饰材料中起着平面构成和线形构成的重要角色，可起固定、连接和加强装饰饰面的作用。木线条主要选用质硬、木质细、耐磨、黏结性好、可加工性好的木材，干燥处理后用机械加工或手工加工而成，

第三，其他木材装饰材料。

保丽板是将在树脂中浸润的基层板材与装饰胶纸一起在高温低压下塑化复合而成。它光泽柔和、耐热、耐水、耐磨，主要用于家具和室内装饰。同时可以调节生产工艺和掺入不同的添加剂生产高耐磨装饰板、浮雕装饰板和耐燃装饰板等。

涂饰人造板是表面用涂料涂饰制成的装饰板材。主要品种有透明涂饰纤维板和不透明涂饰纤维板等。它生产工艺简单，板面美观平滑，立体感较强，主要用于中低档家具、墙面及顶棚的装饰。

印刷纤维板是以纤维板为基材与表面胶纸用酚醛树脂热压胶合在一起的板材。胶纸是先将一层装饰纸经照相版印刷之后与表层纸、底层纸一起进行树脂浸渍处理而制得。

塑料薄膜贴面装饰板是将热塑性树脂薄膜贴在人造板上制成的，薄膜经印刷并经模压处理后，图案花纹鲜明多样，有很好的装饰效果，但是表面硬度较低，主要用于中低档家具、墙面及顶棚的装饰。

（四）木材的防护

木材在使用中的主要缺点是易腐和易燃，因此在土木工程中必须对木材采取防腐和防火这两项防护措施。防护措施具体如下：

1. 木材的干燥处理

木材在加工和使用之前进行干燥处理，可以提高强度、防止收缩、开裂和变形、减轻重量以及防腐防虫，从而改善木材的使用性能和寿命。大批量木材干燥以气体介质对流干燥法（如大气干燥法、循环窑干燥法）为主。室外建筑用料干燥至含水率8%~15%，门窗及室内建筑用料干燥至含水率6%~10%。

2. 防腐防蛀

（1）木材的腐朽和虫害

第一，腐朽。

木材的腐朽是由真菌在木材中寄生而引起的。侵蚀木材的真菌有3

种，即霉菌、变色菌和木腐菌。霉菌一般只寄生在木材表面，并不破坏细胞壁，对木材强度几乎无影响。变色菌多寄生于边材，对木材力学性质影响不大。但变色菌侵入木材较深，难以除去，损害木材外观质量。木腐菌侵入木材，分泌酶把木材细胞壁物质分解成可以吸收的简单养料，供自身生长发育。腐朽初期，木材仅颜色改变；以后真菌逐渐深入内部，木材强度开始下降；至腐朽后期，木材呈海绵状、蜂窝状或龟裂状等，材质极松软，甚至可用手捏碎。

第二，虫害。

因各种昆虫危害而造成的木材缺陷称为木材虫害。木材中被昆虫蛀蚀的孔道称为虫眼或虫孔。虫眼对材质的影响与其大小、深度和密集程度有关。深的大虫眼或深而密集的小虫眼能破坏木材的完整性，降低其力学性质，也成为真菌侵入木材内部的通道。白蚁喜温湿，在我国南方地区种类多、数量大，常对建筑物造成毁灭性的破坏。甲壳虫（如天牛等）则在气候干燥时猖獗，它们危害木材主要在幼虫阶段。

（2）防腐防蛀的措施

真菌在木材中生存必须同时具备以下三个条件：水分、氧气和温度。在木材含水率为35%~50%，温度为24~30℃，并含有一定量空气的环境最适宜真菌的生长。当木材含水率在20%下时，真菌生命活动就受到抑制。浸没水中或深埋地下的木材因缺氧而不易腐朽，俗语有"水浸千年松"之说。所以可从破坏菌虫生存条件和改变木材的养料属性着手，进行防腐防虫处理，延长木材的使用年限。

首先，干燥可采用气干法或窑干法将木材干燥至较低的含水率，并在设计和施工中采取各种防潮和通风措施，如在地面设防潮层、木地板下设通风洞，木屋顶采用山墙通风等，使木材经常处于通风干燥状态。

其次，可采用涂料覆盖，其种类很多，作为木材防腐应采用耐水性好的涂料。涂料本身无杀菌杀虫能力，但涂刷涂料可在木材表面形成完整而坚韧的保护膜，从而隔绝空气和水分，并阻止真菌和昆虫的侵入。

最后，可采用化学处理，化学防腐是将对真菌和昆虫有毒害作用的化学防腐剂注入木材中，使真菌、昆虫无法寄生。防腐剂主要有水溶性、油溶性和油质防腐剂 3 大类。室外应采用耐水性好的防腐剂。防腐剂注入方法主要有表面涂制、常温浸渍、冷热槽浸透和压力渗透法等。

（3）防火

易燃是木材最大的缺点，木材防火处理的方法如下：

①将不燃性的材料，如薄铁皮、水泥砂浆、耐火涂料等，覆盖在木材表面上，防止木材直接与火焰接触，这是一种最简单的方法。

②用防火剂对木材进行浸渍处理，或以压力（0.8~1MPa）将防火剂注入木材内部，使木材遇到高温时，表面能形成一层玻璃状保护膜，以阻止或延缓起火燃烧。常用的防火剂有硼酸、硼砂、碳酸铵、磷酸铵、氯化铵、硫酸铝和水玻璃等。为了达到要求的防火性能，应保证一定的吸药量和透入深度。

③将防火涂料涂刷或喷洒于木材表面，待涂料固结后即构成防火保护层。防火效果与涂层厚度或每平方米涂料用量有密切关系。

防火处理能推迟或消除木材的引燃过程，降低火焰在木材上蔓延的速度，延缓火焰破坏木材的速度，从而给灭火或逃生提供时间。但应注意：防火涂料或防火剂中的防火组分随着时间的延长和环境因素的作用会逐渐减少或变质，从而导致其防火性能不断减弱。

三、水泥混凝土和砂浆

(一) 混凝土概述

混凝土是历史悠久、用途广泛、用量最大的一种工程材料。随着现代新技术、新工艺、新设备、新材料的应用，混凝土的品种也得到了迅速发展。目前成熟的混凝土主要有商品混凝土、泵送混凝土、大流动性混凝土、流态混凝土、大体积混凝土、高强混凝土等。但由于混凝土受多种因素影响，因此在工程应用中保证混凝土质量仍是关键环节。混凝土的发展水平代表一个国家或地区的工业现代化程度。

1. 混凝土的组成

混凝土是由胶凝材料、骨料按适当比例配合，与水拌和而成具有一定可塑性的浆体，经硬化而成的具有一定强度的人造石材。土木工程中以水泥为胶凝材料的水泥混凝土，又称普通混凝土。传统混凝土是由水泥、砂、碎石或卵石加水拌制而成的。现代应用的混凝土中常常添加外加剂或矿物掺合料以改善混凝土的性能，称为五组分或六组分混凝土。

混凝土的技术性质是由原材料的性质、配合比、施工工艺（搅拌、成型、养护）等因素决定的。因此，了解原材料的性质、作用及其质量要求，合理选择和正确使用原材料，才能保证混凝土的质量。

(1) 水泥

水泥是普通混凝土的胶凝材料，其性能对混凝土的性质影响很大，在确定混凝土组成材料时，应正确选择水泥品种和水泥强度等级。

①水泥品种选择

水泥品种应根据混凝土工程特点、所处的环境条件和施工条件等进行选择。一般可采用硅酸盐水泥、普通硅酸盐水泥、矿渣硅酸盐水泥、火山灰质硅酸盐水泥、粉煤灰硅酸盐水泥和复合水泥，必要时也可采用膨胀水泥、自应力水泥或快硬硅酸盐水泥等其他水泥。所用水泥的性能必须符合现行国家有关标准的规定。在满足工程要求的前提下，应选用价格较低的水泥品种，以节约造价。例如：在大体积混凝土工程中，为了避免水泥水化热过大，通常选用矿渣硅酸盐水泥、火山灰质硅酸盐水泥、粉煤灰硅酸盐水泥，但也可使用硅酸盐水泥、普通硅酸盐水泥，这时应掺入掺合料和必要的外加剂。

②水泥强度等级的选择

水泥强度等级应与混凝土的设计强度等级相适应。原则上配制高强度等级的混凝土应选用强度等级高的水泥；配制低强度等级的混凝土，选用强度等级低的水泥。如采用强度等级高的水泥配制低强度等级混凝土时，会使水泥用量偏少，影响和易性和耐久性，必须掺入一定数量的矿物掺合料。如采用强度等级低的水泥配制高强度等级混凝土时，会使水泥用量过多，不经济，而且会影响混凝土的其他技术性质，如干缩等。通常，混凝土强度等级为 C30 以下时，可采用强度等级为 32.5 的水泥；混凝土强度等级大于 C30 时，可采用强度等级为 42.5 以上的水泥。

（2）骨料

普通混凝土用骨料按粒径分为细骨料和粗骨料。一般情况下骨料不参与水泥的水化反应，在混凝土中所占体积约为 70%~80%，主要起骨架作用。骨料所占的比例和骨架作用，不仅显著降低水泥用量，而且还可以提高混凝土强度、降低混凝土收缩保证混凝土体积稳定性。因此合理选择骨料不仅可以降低混凝土成本，还可以大大改善混凝土性能。

①细骨料

粒径在 0.15~4.75mm 之间的骨料为细骨料，它包括天然砂和人工砂。天然砂按照产源分为河砂、海砂、湖砂、江砂、山砂。山砂表面粗糙，风化较重、含泥量和含有机杂质较多；海砂表面圆滑，比较洁净，但常混有贝壳碎片，而且含盐分较多，对混凝土中的钢筋有锈蚀作用；江砂清洁，但颗粒细小；河砂介于山砂和海砂之间，比较洁净，颗粒大小适中，应优先采用河砂。人工砂是用岩石轧碎而成，富有棱角。其缺点是片状颗粒和石粉较多，而且成本较高。人工砂是经除土处理的机制砂和混合砂的统称。机制砂是经除土处理，由机械破碎、筛分制成的，粒径小于 4.75mm 的岩石颗粒，但不包括软质岩、风化岩石的颗粒；混合砂是由机制砂和天然砂混合制成的砂。

②粗骨料

粒径大于 4.75mm 的骨料称为粗骨料，混凝土常用的粗骨料有碎石和卵石。卵石是由自然风化、水流搬运和分选、堆积形成的、粒径大于 4.75mm 的岩石颗粒；碎石是天然岩石或卵石经机械破碎、筛分制成的，粒径大于 4.75mm 的岩石颗粒。天然卵石有河卵石、海卵石和山卵石等。卵石一般表面光滑，少棱角，比较洁净，大都具有天然级配。碎石系将坚硬岩石轧碎而成，表面粗糙，颗粒富有棱角，与水泥石黏结较牢，但内摩擦角较大，流动性较差。

（3）拌和与养护用水

饮用水、地下水、地表水、海水及经过处理达到要求的工业废水均可用作混凝土拌和用水。混凝土拌和及养护用水的质量要求具体有：不影响混凝土的和易性及凝结；不得有损于混凝土强度发展；不得降低混凝土的耐久性；不得加快钢筋腐蚀及导致预应力钢筋脆断；不得污染混凝土表面。当对水质有怀疑时，应将该水与蒸馏水或饮用水进行水泥凝结时间、砂浆或混凝土强度对比试验。测得的初凝时间差及终凝时间差均不得大于 30min，其初凝和终凝时间还应符合国家标准的规定。用该水制成的砂浆或混凝土 28d 抗压强度应不低于蒸馏水或饮用水制成的砂浆或混凝土抗压强度的 90%。另外，海水中含有硫酸盐、镁盐和氯化物，对水泥石有侵蚀作用，对钢筋也会造成锈蚀，因此不得用于拌制钢筋混凝土和预应力混凝土。

（4）外加剂

外加剂是在拌制混凝土过程中掺入，用以改善混凝土性能的物质，掺量不大于水泥的质量（特殊情况除外）。它赋予新拌混凝土和硬化混凝土以优良的性能，如提高抗冻性、调节凝结时间和硬化时间、改善工作性、提高强度等，是生产各种高性能混凝土和特种混凝土必不可少的组分。

根据《混凝土外加剂的分类、命名与定义》（GB/T 8075—2017）的规定，混凝土外加剂按其主要功能分为 4 类：

①改善混凝土拌和物流变性能的外加剂，如各种减水剂和泵送剂等。

②调节混凝土凝结时间、硬化过程的外加剂，如缓凝剂、促凝剂（早强剂）和速凝剂等。

③改善混凝土耐久性的外加剂，如引气剂、防水剂和阻锈剂等。

④改善混凝土其他性能的外加剂，如膨胀剂、防冻剂和着色剂等。

（5）矿物掺合料

矿物掺合料是指在混凝土拌和物中，为了节约水泥，改善混凝土性能加入的具有一定细度的天然或者人造的矿物粉体材料，也称为矿物外加剂。随着混凝土技术的发展，混凝土中熟料将越来越少，矿物掺合料将越来越多，将成为不可替代的组分，显著地影响着混凝土的性能。常用的矿物掺合料有粉煤灰、粒化高炉矿渣粉、硅灰、沸石粉、燃烧煤矸石等。

（二）新拌混凝土性能

混凝土在未凝结硬化之前，称为混凝土拌和物或新拌混凝土。要配制质量优良的混凝土，除要慎重选用质量合格的组成材料外，为便于施工，获得均匀密实的混凝土，混凝土拌和物必须具有良好的和易性。

和易性（又称工作性）是混凝土在凝结硬化前必须具备的性能，是指混凝土拌和物易于施工操作（拌和、运输、浇灌、捣实）并获得质量均匀、成型密实的混凝土性能。和易性是一项综合的技术性质，包括流动性、黏聚性和保水性等3方面的含义。

流动性是指混凝土拌和物在本身自重或施工机械振捣的作用下，克服内部阻力及与模板、钢筋之间的阻力，产生流动，并均匀密实地填满模板的能力。

黏聚性是指混凝土拌和物具有一定的黏聚力，在施工、运输及浇注过程中，不致出现分层、离析，使混凝土保持整体均匀性的能力。

保水性是指混凝土拌和物具有一定的保水能力，在施工中不致产生严重的泌水现象。混凝土拌和物的流动性、黏聚性和保水性三者之间既互相联系，又互相矛盾。如黏聚性好则保水性一般也较好，但流动性可能较差；当增大流动性时，黏聚性和保水性往往变差。因此，拌和物的工作性是三个方面性能的总和，直接影响混凝土施工的难易程度，同时对硬化后的混凝土的强度、耐久性、外观完好性及内部结构都具有重要影响，是混凝土的重要性能之一。

（三）混凝土耐久性

混凝土的耐久性是指混凝土在实际使用条件下抵抗各种破坏因素的作用，长期保持强度和外观完整性的能力。混凝土耐久性是指结构在规定的使用年限内，在各种环境条件作用下，不需要额外的费用加固处理而保持其安全性、正常使用和可接受的外观能力。长期以来由于人们对结构材料寿命的期望值较低，认为能够使用 50 年以上的材料就是耐久性很好的材料，所以认为混凝土材料是一种耐久性良好的材料。

但是混凝土结构物因材质劣化造成过早失效以至破坏崩塌的事故在国内外都屡见不鲜。这些混凝土工程的过早破坏，其原因不是由于强度不足，而是由于混凝土耐久性不良。例如，在日本海沿岸许多港湾建筑、桥梁及引以为豪的"新干线"，在使用不到 10 年混凝土就出现了大面积开裂、剥蚀、钢筋锈蚀外露等现象。美国国家材料顾问委员会 1987 年提交的报告报道，约有 253 万座混凝土桥面板出现不同程度的破坏（其中部分仅使用不到 20 年），而且每年还将增加 35 万座据调查，我国北方某国际机场使用仅数年的混凝土停机坪，发现混凝土道面多数出现坑蚀剥落破坏，严重影响飞机正常安全起降。因此随着经济的发展、社会的进步，各类投资巨大、施工期长的大型工程日益增多。例如大跨度桥梁、超高层建筑、大型水工结构物等，混凝土必须解决好耐久性问题，保证混凝土的可持续发展。

混凝土的耐久性是一个综合性概念，它包括的内容很多，如抗渗性、抗冻性、抗碳化性、抗侵蚀性等。这些性能决定着混凝土经久耐用的程度。

1. 混凝土的抗渗性

混凝土材料抵抗压力水渗透的能力称为抗渗性，表征指标是抗渗等级或渗透系数。抗渗性是保证混凝土耐久性的最基本因素。水是一种载体可以携带侵蚀性介质扩散到混凝土内部，使混凝土中钢筋发生锈蚀或引发硫酸盐侵蚀、碱-集料反应，使饱和的混凝土产生冻融循环破坏，因此在混凝土发生的这些耐久性破坏中水能够渗透到混凝土内部是混凝土破坏的前提条件，抵抗水的渗透对保证混凝土耐久性是关键，混凝土结构具有重要意义。

2. 混凝土的抗冻性

混凝土的抗冻性是指混凝土在水饱和状态下经受多次冻融循环作用，能保持强度和外观完整性的能力。

混凝土是多孔材料，若内部含有水分，则因为水在负温下结冰，体积膨胀。然而，此时水泥浆体及骨料在低温下收缩，以致水分接触位置将膨胀，而溶解时体积又将收缩，在这种冻融循环的作用下，混凝土结构受到结冰体积膨胀造成的静水压力和因冰水蒸气压的差异推动未冻结水向冻结区迁移所造成的渗透压力，当这两种压力所产生的内应力超过混凝土的抗拉强度，混凝土就会产生裂缝，多次冻融循环使裂缝不断扩展直到破坏。混凝土的密实度、孔隙构造和数量，以及孔隙的充水程度是决定抗冻性的重要因素。密实的混凝土和具有封闭孔隙的混凝土抗冻性较高。

3. 混凝土的抗碳化性

碳化是空气中的二氧化碳与水泥石中的水化产物在有水的条件下发生化学反应，生成碳酸钙和水。碳化过程是二氧化碳由表及里向混凝土内部逐渐扩散的过程。未经碳化的混凝土 pH 值为 12~13，碳化后 pH 值为 8.5~10，接近中性。混凝土碳化程度常用碳化深度表示。

4. 混凝土的抗侵蚀性

当混凝土所处使用环境中有侵蚀性介质时，混凝土很可能遭受侵蚀，通常有软水侵蚀、硫酸盐侵蚀、镁盐侵蚀、碳酸侵蚀、一般酸侵蚀与强碱腐蚀等。随着混凝土在海洋、盐渍、高寒等环境中的大量使用，对混凝土的抗侵蚀性提出了更严格的要求。

混凝土的抗侵蚀性受胶凝材料的组成、混凝土的密实度、孔隙特征与强度等因素影响。

(四) 泵送混凝土

1. 泵送混凝土定义及特点

将搅拌好的混凝土，采用混凝土输送泵沿管道输送和浇注，称为泵送混凝土。由于施工工艺上的要求，所采用的施工设备和混凝土配合比都与普通施工方法不同。

采用混凝土泵输送混凝土拌和物，可一次连续完成垂直和水平输送，而且可以进行浇注，因而生产率高，节约劳动力，特别适用于工地狭窄和有障碍的施工现场，以及大体积混凝土结构物和高层建筑。

2. 泵送混凝土的可泵性

泵送混凝土是拌和料在压力下沿管道内进行垂直和水平的输送，它的输送条件与传统的输送有很大的不同。因此对拌和料性能的要求与传统的要求相比，既有相同点也有不同点。按传统方法设计的有良好工作性（流动性和黏聚性）的新拌混凝土，在泵送时却不一定有良好的可泵性，有时发生泵压陡升和阻泵现象。阻泵和堵泵会造成施工困难。这就要求混凝土学者对新拌混凝土的可泵性做出较科学又较实用的阐述，如什么叫可泵性、如何评价可泵性、泵送拌和料应具有什么样的性能、如何设计等；并找出影响可泵性的主要因素和提高可泵性的材料设计措施，从而提高配制泵送混凝土的技术水平。在泵送过程中，拌和料与管壁产生摩擦，在拌和料经过管道弯头处遇到阻力，拌和料必须克服摩擦阻力和弯头阻力方能顺利地流动。因此，简而言之可泵性实则就是拌和料在泵压下在管道中移动摩擦阻力和弯头阻力之和的倒数。阻力越小，则可泵性越好。

3. 泵送混凝土对原材料的要求

泵送混凝土对材料的要求较严格，对混凝土配合比要求较高，要求施工组织严密，以保证连续进行输送，避免有较长时间的间歇而造成堵塞。泵送混凝土除了根据工程设计所需的强度外，还需要根据泵送工艺所需的流动性、不离析、少泌水的要求进行配制可泵的混凝土混合料。其可泵性取决于混凝土拌和物的和易性。在实际应用中，混凝土的和易性通常根据混凝土的坍落度来判断。许多国家都对泵送混凝土的坍落度做了规定，一般认为 8~20cm 范围较合适，具体的坍落度值要根据泵送距离和气温对混凝土的要求而定。

（五）纤维混凝土

1. 概述

随着高质量混凝土的发展，混凝土材质自身的缺陷（脆性大、韧性小）越来越突显出来，这种状况为纤维混凝土提供了很好的发展机会。目前应用最广泛的主要有三种纤维混凝土：钢纤维混凝土、玻璃纤维混凝土和丙烯纤维混凝土。在国内已经制成高强纤维混凝土并研制出钢筋-纤维复合混凝土。

2. 纤维分类

（1）按纤维材料性质

①金属纤维主要有钢纤维（适用于钢纤维混凝土）、不锈钢纤维（适用于耐热混凝土）。

②无机纤维主要有天然矿物纤维（温石棉、青石棉、铁石棉等）和人造矿物纤维（抗碱玻璃纤维及抗碱矿棉等碳纤维）。

③有机纤维主要有合成纤维（聚乙烯、聚丙烯、聚乙烯醇、尼龙、芳族聚酰亚胺等）和植物纤维（西沙尔麻、龙舌兰等），合成纤维混凝土不宜在高于 60℃ 的热环境中使用。

（2）按纤维长径比

纤维长径比即纤维的长度与直径的比值，按此分类，具体分为：①短纤维；②长纤维，如玻璃纤维无捻粗纱、聚丙烯纤维化薄膜或纤维制品（如玻璃纤维网格布玻璃纤维毡），长纤维极限抗拉强度比短纤维混凝土可提高 30%~50%。

3. 纤维混凝土的特点

（1）优点

①抗压强度 100~110MPa；

②抗弯强度接近 15MPa；

③抗冲击强度为普通混凝土的 3.6~6.3 倍；

④韧性增强。

（2）缺点

①纤维分散均匀难度大；

②纤维混凝土拌和物稠度大，硬化混凝土均质性降低；

③有机合成纤维混凝土耐高温性能差，不宜在高于 60℃ 的热环境中使用。

4. 钢纤维混凝土

钢纤维混凝土是在混凝土拌和物中，掺入适量钢纤维，配制成一种既可浇筑又可喷射的特种混凝土。大量很细的钢纤维均匀地分散在混凝土中，与混凝土接触面积大并呈放射状分布，因而，在所有方向上，都使混凝土强度得到提高，极大改善了混凝土的各项性能。与普通混凝土相比，钢纤维混凝土抗拉、抗弯强度及耐磨、耐冲击、耐疲劳、韧性和抗裂、抗爆等性能均可得到提高。

（六）建筑砂浆

砂浆是由胶凝材料、细集料、水，有时也加入适量掺合料和外加剂混合，在工程中起黏结、铺垫、传递应力作用的土木工程材料，又称为无集料的混凝土。砂浆在土木结构工程中不直接承受荷载，而是传递荷载，它可以将块状、粒状的材料砌筑黏结为整体，修建各种建筑物，如桥涵、堤坝和房屋的墙体等；或薄层涂抹在表面上，在装饰工程中，梁、柱、地面、墙面等在进行表面装饰之前要用砂浆找平抹面，来满足功能的需要，并保护结构的内部。在采用各种石材、面砖等贴面时，一般也用砂浆作黏结和镶缝。

砂浆按所用的胶凝材料可分为水泥砂浆、水泥混合砂浆、石灰砂浆、石膏砂浆和聚合物砂浆等。

砂浆按用途可分为砌筑砂浆、抹面砂浆和特种砂浆。

1. 砌筑砂浆

能够将砖、石块、砌块黏结成砌体的砂浆称为砌筑砂浆。在土木工程中用量很大，起黏结、垫层及传递应力的作用。

（1）砌筑砂浆的材料组成

第一，胶凝材料。砂浆中使用的胶凝材料有各种水泥、石灰、石膏和有机胶凝材料等，常用的是水泥和石灰。

①水泥砂浆可采用普通硅酸盐水泥、矿渣硅酸盐水泥、复合硅酸盐水泥、火山灰质硅酸盐水泥等常用品种的水泥或砌筑水泥。水泥的强度等级一般选择等级较低的 32.5 级的水泥，但对于高强砂浆也可选择 42.5 级的水泥。水泥的品种应根据砂浆的使用环境和用途选择；在配制某些专门用途的砂浆时，还可以采用某些专用水泥和特种水泥，如用于装饰砂浆的白水泥，用于粘贴砂浆的粘贴水泥等。

②石灰可以节约水泥、改善砂浆的和易性，砂浆中常掺入石灰膏配

制成混合砂浆，当对砂浆的要求不高时，有时也单独用石灰配制成石灰砂浆。砂浆中使用的石灰应符合技术要求。为保证砂浆的质量，应将石灰预先消化，并经"陈伏"，消除过火石灰的膨胀破坏作用后在砂浆中使用。在满足工程要求的前提下，也可使用工业废料，如电石灰膏等。

第二，细集料。细集料在砂浆中起着骨架和填充作用，对砂浆的流动性、黏聚性和强度等技术性能影响较大。性能良好的细集料可提高砂浆的工作性和强度，尤其对砂浆的收缩开裂，有较好的抑制作用。

砂浆中使用的细集料，原则上应采用符合混凝土用砂技术要求的优质河砂。由于砂浆层一般较薄，因此，对砂子的最大粒径有所限制。用于砌筑毛石砌体的砂浆，砂子的最大粒径应小于砂浆层厚度的 1/4~1/5；用于砖砌体的砂浆，砂子的最大粒径应不大于 2.5mm；用于光滑的抹面及勾缝的砂浆，应采用细砂，且最大粒径小于 1.2mm。用于装饰的砂浆，还可采用彩砂、石渣等。砂子中的含泥量对砂浆的和易性、强度、变形性和耐久性均有影响。由于砂子中含有少量泥，可改善砂浆的黏聚性和保水性，故砂浆用砂的含泥量可比混凝土略高。对强度等级为 M 2.5 以上的砌筑砂浆，含泥量应小于 5；对强度等级为 M 2.5 砂浆，含泥量应小于 10%。砂浆用砂还可根据原材料情况，采用人工砂、山砂、特细砂等，但应根据经验并经试验后，确定其技术要求，在保温砂浆、吸声砂浆和装饰砂浆中，还采用轻砂（如膨胀珍珠岩）、白色或彩色砂等。

第三，掺合料和外加剂。掺合料和外加剂在砂浆中，掺合料是为改善砂浆和易性而加入的无机材料，如石灰膏、粉煤灰、沸石粉等，砂浆中使用的粉煤灰和沸石粉应符合国家现行标准的要求。为改善砂浆的和易性及其他性能，还可在砂浆中掺入外加剂，如增塑剂、早强剂、防水剂等。砂浆中掺用外加剂时，不但要考虑外加剂对砂浆本身性能的影响，还要根据砂浆的用途，考虑外加剂对砂浆的使用功能有哪些影响，并通过试验确定外加剂的品种和掺量。为了提高砂浆的和易性，改善硬化后砂浆的性质，节约水泥，可在水泥砂浆或混合砂浆中掺入外加剂，最常用的是微沫剂，它是一种松香热聚物，掺量一般为水泥质量的 0.005% ~ 0.010%，以通过试验的调配掺量为准。

第四，砂浆拌和用水的技术要求与混凝土拌和用水相同，应采用洁净、无油污和硫酸盐等杂质的可饮用水，为节约用水，经化验分析或试拌验证合格的工业废水也可用于拌制砂浆。

（2）砌筑砂浆的技术性质

砌筑砂浆的技术性质，主要包括新拌砂浆的和易性、硬化后砂浆的强度和黏结强度，以及抗冻性、收缩值等指标。

新拌砂浆的和易性是指新拌制的砂浆拌和物的工作性，砂浆在硬化前应具有良好的和易性，即砂浆在搅拌、运输、摊铺时易于流动并不易失水的性质，和易性包括流动性和保水性两方面。

①流动性。砂浆的流动性是指砂浆在重力或外力的作用下流动的性能。砂浆的流动性用"稠度"来表示。砂浆稠度的大小用沉入度表示，沉入度是指标准试锥在砂浆内自由沉入 10s 时沉入的深度，单位用 mm 表示，沉入量大的砂浆流动性好。

砂浆稠度的选择：沉入量的大小与砌体基材、施工气候有关。可根据施工经验来拌制，并应符合相关验收规定。

②保水性。保水性是指新拌砂浆保持内部水分不流出的能力。它反映了砂浆中各组分材料不易分离的性质，保水性好的砂浆在运输、存放

和施工过程中，水分不易从砂浆中离析，砂浆能保持一定的稠度，使砂浆在施工中能均匀地摊铺在砌体中间，形成均匀密实的连接层。保水性不好的砂浆在砌筑时，水分容易被吸收，从而影响砂浆的正常硬化，最终降低砌体的质量。

2. 抹面砂浆

凡粉刷于土木工程的建筑物或构建表面的砂浆，统称为抹面砂浆。抹面砂浆有保护基层、增加美观的功能。对抹面砂浆的强度要求不高，但要求保水性好，与基底的黏结力好，容易磨成均匀平整的薄层，长期使用不会开裂或脱落。

抹面砂浆按其功能不同可分为普通抹面砂浆、防水砂浆和装饰砂浆等。

（1）普通抹面砂浆

普通抹面砂浆用于室外、易撞击或潮湿的环境中，如外墙、水池、墙裙等，一般应采用水泥砂浆。其配合比为水：泥砂＝1：（2~3）。普通抹面砂浆的功能是保护结构主体，提高耐久性，改善外观。常用的普通抹面砂浆有石灰砂浆、水泥砂浆、水泥混合砂浆、麻刀石灰浆（简称麻刀灰）、纸筋石灰浆（简称纸筋灰）等。

（2）防水砂浆

用作防水层的砂浆称为防水砂浆。砂浆防水层又称刚性防水层，适用于不受振动和具有一定刚度的混凝土和砖石砌体工程。

防水砂浆主要有普通水泥防水砂浆、掺加防水剂的防水砂浆、膨胀水泥和无收缩水泥防水砂浆3种。普通水泥防水砂浆是由水泥、细骨料、掺合料和水拌制成的砂浆；掺加防水剂的水泥砂浆是在普通水泥中掺入一定量的防水剂而制成的防水砂浆，是目前应用广泛的一种防水砂浆。常用的防水剂有硅酸钠类、金属皂类、氯化物金属盐及有机硅类等；膨胀水泥和无收缩水泥防水砂浆是采用膨胀水泥和无收缩水泥制作的砂浆，利用这两种水泥制作的砂浆有微膨胀或补偿收缩性能，从而提高砂浆的密实性和抗渗性。

防水砂浆的配合比一般采用水泥：砂 = 1：（2.5~3），水灰比在 0.5~0.55 之间。水泥应采用 42.5 强度等级的普通硅酸盐水泥，砂子应采用级配良好的中砂。

防水砂浆对施工操作技术要求很高。制备防水砂浆应先将水泥和砂干拌均匀，再加入水和防水剂溶液搅拌均匀。粉刷前，先在润湿清洁的底面上抹一层低水灰比的纯水泥浆（有时也用聚合物水泥浆），然后抹一层防水砂浆，在初凝前，用木抹子压实一遍，第二、第三、第四层都是以同样的方法进行操作，最后一层要压光。粉刷时，每层厚度约为 5mm，共粉刷 4~5 层，共约 20~30mm 厚。粉刷完后，必须加强养护。

（3）装饰砂浆

装饰砂浆是指粉刷在建筑物内外墙表面，具有美化装饰、改善功能、保护建筑物的抹面砂浆。装饰砂浆所采用的胶凝材料除普通水泥、矿渣水泥外，还可应用白水泥、彩色水泥，或在常用水泥中掺加耐碱矿物颜料，配制成彩色水泥砂浆；装饰砂浆采用的集料除普通河砂外，还可使用色彩鲜艳的花岗岩、大理石等色石及细石渣，有时也采用玻璃或陶瓷碎粒。有时也可加入少量云母碎片、玻璃碎料、长石、贝壳等使表面获得发光效果。掺颜料的砂浆在室外抹灰工程中使用，总会受到风吹、日晒、雨淋及大气中有害气体的腐蚀。因此，装饰砂浆中的颜料，应采用耐碱和耐光晒的矿物颜料。

3. 特种砂浆

（1）绝热砂浆

绝热砂浆（又称保温砂浆）是采用水泥、石灰、石膏等胶凝材料与膨胀珍珠岩、膨胀蛭石、陶粒、陶砂或聚苯乙烯泡沫颗粒等轻质骨料，按一定比例配制的砂浆。绝热砂浆质轻，且具有良好的绝热保温性能。绝热砂浆的热导率为 0.07~0.10W／（m·K），一般用于屋面隔热层、隔热墙壁、冷库以及工业窑炉、供热管道隔热层等处。如在绝热砂浆中掺入或在绝热砂浆表面喷涂憎水剂，则这种砂浆的保温隔热效果会更好。

常用的保温砂浆有水泥膨胀珍珠岩砂浆、水泥膨胀蛭石砂浆、水泥石灰膨胀蛭石砂浆等。

（2）膨胀砂浆

在水泥砂浆中加入膨胀剂，或使用膨胀水泥，可配制膨胀砂浆。膨胀砂浆具有一定的膨胀特性，可补偿水泥砂浆的收缩，防止干缩开裂。膨胀砂浆还可在修补工程和装配式大板工程中应用，靠其膨胀作用而填充缝隙，以达到黏结密封的目的。

（3）耐酸砂浆

用水玻璃和氟硅酸钠加入石英砂、花岗岩砂、铸石按适当的比例配制的砂浆，具有耐酸性。可用于耐酸地面和耐酸容器的内壁防护层。

（4）吸声砂浆

一般由轻质多孔骨料制成的隔热砂浆，都具有吸声性能。另外，用水泥、石膏、砂、锯末等也可以配制成吸声砂浆。如果在吸声砂浆内掺入玻璃纤维、矿物棉等松软的材料能获得更好的吸声效果。吸声砂浆常用于室内的墙面和顶棚的抹灰。

（5）防辐射砂浆

在水泥砂浆中加入重晶石粉和重晶石砂可配制具有防 X 射线和 Y 射线的砂浆。其配合比约为水泥：重晶石粉：重晶石砂 = 1：0.25：（4~5）。如在配制砂浆时加入硼砂、硼酸可制成具有防中子辐射能力的砂浆。此类砂浆用于射线防护工程。

（6）聚合物砂浆

聚合物砂浆是在水泥砂浆中加入有机聚合物乳液配制而成的，具有黏结力强、干缩率小、脆性低、耐腐蚀性好等特性，用于修补和防护工程。常用的聚合物乳液有氯丁胶乳液、丁苯橡胶乳液、丙烯酸树脂乳液等。

第三节　装饰材料

装饰材料是建筑材料的一个分支，属于建筑功能材料，又称为"饰面材料"。装饰材料的质量和效果对装饰工程的质量和效果有决定性的影响，因而，无论装饰设计师，还是装饰施工人员，都必须熟练掌握各类装饰材料的图案、规格、性能、质量标准和适用范围，从而合理而艺术地选用各类装饰材料。

一、装饰材料的定义

装饰材料是指在土建工程完成之后，对建筑物的室内空间和室外环境进行功能和美化处理而形成不同装饰效果所使用的材料。有些在土建工程中使用的建筑材料本身就具有装饰与美化作用。

二、装饰材料的作用

（一）美化建筑空间和环境

装饰材料对建筑物的室内外装饰效果和功能有着很大的影响，建筑物的装饰设计效果除了与它的立面造型、空间尺度、功能分区等建筑设计手法和建筑风格有关以外，还与建筑物中所选用的装饰材料有着重要的联系。由于建筑饰面的装饰效果往往是通过材料的色调、质感和形状尺寸来表现的，因而装饰材料的首要作用就是装饰建筑物、美化室内外环境。

（二）保护建筑物，延长建筑物使用寿命

装饰材料大多数是用在各种基体的表面上的，常常会受到室内外各种不利因素的影响，所以装饰材料还能够保护建筑基体不受或少受这些不利因素的影响，要求装饰材料应该具有较好的耐久性。

（三）装饰材料还必须具备相应的装饰使用功能

有些建筑的装饰部位根据实际使用情况来看，还有一定的功能要求，如浴室中的地面应有防滑、防水的作用，舞厅、电影院的墙面必须具备防火和隔音功能，建筑物的围护结构应该有良好的保温隔热性能等。在

这些部位使用的装饰材料及其构造方式就应该满足这些功能的规定。

三、装饰材料的发展趋势

（一）由天然材料为主逐步转变为人工材料为主

自古以来，人们使用的装饰材料绝大多数是自然界中的天然材料，如天然石材、木材、动物的皮制品和棉麻织物等。但由于受地球人口的发展和自然资源的储量影响，天然装饰材料的使用数量受到了一定的限制。人们为了保护有限的自然资源，就利用各种科技手段，发明了许多装饰性能可与天然装饰材料相媲美的人造材料，如人造石材、现代陶瓷制品、各类涂料等，这些人造装饰材料已广泛地运用在各类建筑装饰工程中，并且发挥着重要的作用。

（二）由单一装饰材料向多功能材料转变

人们在以往使用装饰材料时比较多地考虑材料的装饰性，而忽略了装饰场所对材料的功能要求。现代建筑装饰不仅要求装饰材料的外观要满足装饰设计的效果，而且要满足该装饰场所对材料的功能规定，如墙体装饰材料的保温隔热、隔音的要求，地面装饰材料的防水、防滑、耐磨性能的规定等。现代装饰材料的功能一般具有多重性，能满足一种或多种功能要求。

（三）尽量采用具有绿色环保性能的装饰材料

某些装饰材料在使用的过程中，会产生对人体有害的物质，如有些装饰材料中含有甲苯、二甲苯、甲醛等有害物质，设计师在使用这类装饰材料时必须充分考虑这些方面的问题，在不影响工程的装饰效果的前提下，尽量采用具有绿色环保性能的装饰材料。

（四）装饰材料的干法和施工作业是装饰材料的一个发展方向

装饰工程施工现场中的材料操作长期以来主要是湿作业，如水磨石地面的施工、石材的绑扎灌浆施工工艺等都有湿作业的特点。湿作业施工的劳动强度大、施工周期长、施工效率低、对环境的污染程度大，已不适应现代装饰施工技术的发展需要。轻钢龙骨、石材干挂、复合墙板等装饰材料及预制构件和装饰施工技术的出现极大地满足了现代装饰工程的需要，降低了施工人员的劳动强度，同时也提高了装饰工程的经济效益。

四、装饰材料的分类与选择

（一）装饰材料的分类

装饰材料的品种繁多，少则几千种，多则上万种，并且现代装饰材料的发展速度、材料品种的更新换代速度异常迅速。装饰材料的分类方法较多，常见的材料品种有：

1. 按材料的材质分

无机材料，如石材、陶瓷、玻璃、不锈钢、铝型材、水泥等装饰材料；

有机材料，如木材、塑料、有机涂料等装饰材料；

复合材料，如人造大理石、彩色涂层钢板、铝塑板、真石漆等装饰材料。

2. 按材料在建筑物中的装饰部位分

外墙装饰材料，如天然石材、人造石材、建筑陶瓷、玻璃制品、水泥、装饰混凝土、外墙涂料、铝合金蜂窝板、铝塑板等；

内墙装饰材料，如石材、内墙涂料、墙纸、墙布、玻璃制品、木制品等；

地面装饰材料，如地毯、塑料地板、陶瓷地砖、石材、木地板、地面涂料、抗静电地板等；

顶棚装饰材料，如石膏板、纸面石膏板、矿棉吸音板、铝合金板、玻璃、塑料装饰板及各类顶棚龙骨材料等；

屋面装饰材料，如聚氨酯防水涂料、玻璃、玻璃砖、陶瓷、彩色涂层钢板、卡普隆阳光板、玻璃钢板等。

（二）装饰材料的装饰性

1. 颜色、光泽、透明性

颜色反映了材料的色彩特征。材料表面的颜色与材料对光谱的吸收以及观察者眼睛对光谱的敏感性等因素有关。光泽是材料表面方向性反射光线的性质，它对形成于材料表面上的物体形象的清晰程度起着决定性的作用。材料表面愈光滑，则光泽度愈高。透明性是指光线透过物体时所表现的光学特性。能透视的物体是透明体，如普通平板玻璃；能透光但不透视的物体为半透明体，如磨砂玻璃；不能透光、透视的物体为不透明体，如木材。

2. 花纹图案、形状、尺寸

材料在生产或加工时，利用不同的工艺将材料的表面做成各种不同的表面组织，如粗糙、平整、光滑、镜面、凹凸、麻点等；或将材料的表面制作成各种花纹图案，或拼镶成各种图案。材料的形状和尺寸能给人带来空间尺寸的大小和使用上是否舒适的感觉。设计人员在进行装饰设计时，一般要考虑到人体尺寸的需要，对装饰材料的形状和尺寸做出合理的判断。改变装饰材料的形状和尺寸，并配合花纹、颜色、光泽等可拼镶出各种线型和图案，从而获得不同的装饰效果。

3. 质感

质感是材料的表面组织结构、花纹图案、颜色、光泽、透明性等给人的一种综合感觉。如钢材、陶瓷、木材、玻璃、呢绒等材料在人的感官中的软硬、轻重、粗犷、细腻、冷暖等感觉。组成相同的材料可以有不同的质感，如普通玻璃与压花玻璃、镜面花岗岩板材与剁斧石。一般而言，粗糙不平的表面能给人以粗犷、豪迈的感觉，而光滑、细致的平面则能给人带来细腻精美的装饰效果。

(三) 装饰材料的选择

1. 材料的外观

装饰材料的外观主要指材料的形体、质感和色彩等方面的因素。块状材料有稳重厚实的感觉，板状材料则有轻盈柔和的视觉效果；不同的材料质感给人的尺度感和冷暖感是不同的，毛面石材有粗犷、大方的造型效果，镜面石材则有细腻、光亮的装饰气氛，不锈钢材料显得现代、新颖，玻璃则显得通透、光亮；色彩对人的心理作用就更为明显了：红色有刺激兴奋的作用，绿色能消除紧张和视觉疲劳，紫罗兰色有宁静、安详的效果，白色则有纯洁、高雅的感觉。合理而艺术地使用装饰材料的外观装饰效果能使室内外的环境装饰显得层次分明、情趣盎然、生动活泼。

2. 材料的功能性

装饰材料所具有的功能应该与材料的使用场所特点结合起来考虑。如人流密集的公共场所，应采用耐磨性好、易清洁的地面装饰材料；影剧院的地面材料还需要考虑一定的吸音性能；厨房和卫生间的墙面和顶面则宜采用耐污性和耐水性好的装饰材料，地面则用防水和防滑性能优异的地面砖；大型餐厅的地面则尽可能不用地毯进行装饰，因为地毯的表面容易受到食物的污染且不易清洗，同时肮脏的地毯表面极易滋生细菌，从而影响人的身体健康。

3. 材料的经济性

建筑装饰的费用占建设项目总投资的比例往往高达 1/2 甚至 2/3，其中主要的原因是装饰材料和相应设备的价格较高。装饰设计时应将工程的设计效果与装饰投资综合起来考虑，尽可能不要超出装饰投资预算额。当然，装饰工程在投资时应从长远性、经济性的角度来考虑，充分利用有限的资金取得最佳的使用和装饰效果，做到既能满足装饰场所目前的需要，又能为今后场所的更新变化打下一定的物质基础。

五、无机装饰材料

1. 天然饰面石材

现代建筑室内外装饰、装修工程中采用的天然饰面石材主要有大理石和花岗石两大类。采用天然石材用于建筑室内外装修，装饰效果好、耐久性强，但由于造价高，多用于公共建筑和装饰等级要求较高的工程中。

（1）大理石

大理石是属于变质碳酸盐类岩石。这类岩石构造致密，强度较高，但硬度不大，易于加工。因所含杂质不同，天然大理石有不同的颜色和花纹。主要用于装饰等级要求高的场所，如纪念性建筑、宾馆、展览馆、商场、图书馆、车站、机场等建筑物的装饰墙面、柱面、地面、造型面、楼梯踏步、石质栏杆、欧式壁炉、电梯门脸等。大理石板还用于吧台、服务台的立面和台面、高档洗手间的盥洗台面及各式家具的台面和桌面等。大理石的抗风化性较差，主要的化学成分为碱性物质，当受到酸雨以及空气中酸性氧化物遇水形成的酸类的侵蚀，材料表面会失去光泽，甚至出现孔斑现象，从而降低了建筑物的装饰效果，因此，表面磨光的大理石一般不宜用作室外装修。

（2）花岗石

花岗石属岩浆岩，其主要矿物成分为长石、石英及少量云母和暗色矿物。花岗石为全晶质结构的岩石，按结晶颗粒的大小，通常分为细粒、中粒和斑状等。花岗石的颜色取决于其所含长石、云母及暗色矿物的种类及数量，常呈灰色、黄色、蔷薇色和红色等，以深色花岗石较为名贵。优质花岗石晶粒细而均匀，构造紧密，石英含量多，云母含量少，不含黄铁矿等杂质，长石光泽明亮，无风化迹象。花岗石构造细密、质地坚硬、耐磨、耐压，它属酸性岩石，化学稳定性好，不易风化变质，耐腐蚀性强，可经受100~200次以上的冻融循环。花岗石饰面板多用于室内外墙面、地面的装修，主要用于宾馆、饭店、酒楼、银行、影剧院、展览馆、纪念馆等建筑的内外装饰，还用于酒吧台、服务台、展示台及家具台面等。其缺点有：自重大，增加了建筑体的重量；硬度大，开采与加工不易；质脆、耐火性差，含有的大量石英在 573℃ 和 870℃ 的高温下均会发生晶态转变，产生体积膨胀，发生火灾时会造成花岗石爆裂；有些花岗石含有微量放射性元素，此类石材应严格避免用于室内。

2. 陶瓷制品

陶瓷自古以来就是优良的建筑装饰材料之一，我国有着悠久的陶瓷生产与应用的历史。建筑装饰工程中应用的陶瓷制品，主要包括陶瓷墙、地砖、卫生陶瓷、园林陶瓷、琉璃陶瓷制品等，其中以陶瓷墙、地砖的用量最大。

（1）外墙面砖

用于建筑外墙装饰的陶瓷面砖称为外墙面砖。外墙面砖的色彩丰富，品种较多，按其表面是否施釉可分为彩釉砖和无釉砖。由于受风吹日晒、冷热交替等自然环境的作用较严重，要求外墙面砖的结构致密，抗风化能力和抗冻性强，同时具有防火、防水、抗冻、耐腐蚀等性能。外墙面砖的表面有平滑或粗糙的不同质感，背面一般有凹凸状的沟槽，可增强面砖与基层的黏结力。无釉面砖又称无光面砖，对于一次烧成的无釉面砖，可在泥料中加入各种金属氧化物进行人工着色，如米黄色、紫红色、白色、蓝色、咖啡色等。

（2）内墙面砖

内墙面砖一般都上釉，又称瓷砖、瓷片或釉面陶土砖。内墙釉面砖的种类按形状可分有通用砖（正方形、长方形）和异形配件砖；按釉面色彩可分为单色、花色和图案砖。通用砖一般用于大面积墙面的铺贴，异形配件砖多用于墙面阴阳角和各收口部位的细部构造处理。釉面砖表面光滑，色泽柔和典雅，朴素大方，主要用作厨房、浴室、卫生间、实验室、医院等场所的室内墙面或台面的饰面材料，它具有热稳定性好、防火、防潮、耐酸碱腐蚀、坚固耐用、易于清洁等特点。

（3）陶瓷地砖

陶瓷地砖主要用于建筑物室内地面的装饰，又称防潮砖，是采用优质瓷土加添加剂经制模成型后烧结而成。陶瓷地砖的品种较多，有无釉陶瓷地砖、彩釉陶瓷地砖、各种仿天然石材的瓷质地砖、劈离砖、毛面砖、梯沿砖和广场麻石砖等。陶瓷地砖要求砖面平整，不脱色、不变形。梯沿砖的表面有凸起的条纹，多用于楼梯、站台等位置，起到防滑作用。

（4）陶瓷锦砖

陶瓷锦砖又名陶瓷马赛克，是由若干小的片状瓷片（每片边长不大于40mm），按一定的图案要求，用胶黏剂贴于牛皮纸上所组成的。每张纸称作一联，大小约30cm见方，面积为0.093m²，每40联为1箱，每箱约3.7m²。陶瓷锦砖的表面有挂釉和不挂釉之分，目前市面的品种多为不挂釉。这种砖色泽多样、图案组合丰富、经久耐用、易清洁。陶瓷锦砖质地坚硬、耐火、耐磨、耐酸碱、不吸水、抗冻性能好，常用作建筑墙面和室内外地面的装饰，可构成丰富的图案效果。

（5）琉璃制品

琉璃制品是一种涂玻璃釉的陶质制品。琉璃制品质地致密，机械强度高，表面光滑、耐污，经久耐用。

琉璃制品属高级建筑饰面材料，它的表面有多种纹饰，色彩鲜艳，有金黄、宝蓝、翠绿等色，造型各异，古朴而典雅，能够充分体现中国传统建筑风格和民族特色。琉璃制品的种类很多，有琉璃瓦、琉璃砖、琉璃兽、琉璃花窗与栏杆饰件，以及琉璃桌、琉璃绣墩、琉璃花盆、琉璃花瓶等工艺品。建筑琉璃制品的缺点是自重大，而且价格高。

六、装饰玻璃

玻璃装饰材料通常指平板玻璃和由平板玻璃经过深加工后的玻璃制品，其中包括玻璃空心砖、玻璃马赛克等。

普通平板玻璃可作为建筑物的窗用玻璃、加工安全玻璃或特种玻璃的基板，也可用来制造各种装饰玻璃。装饰平板玻璃由于表面具有一定的颜色、图案和质感等，可以满足建筑装饰对玻璃的不同要求。装饰平板玻璃的品种有毛玻璃、彩色玻璃、花纹玻璃等。

玻璃空心砖是一种带有干燥空气层的、周边密封的玻璃制品。它具有抗压强度高、保温隔热性能好、不结霜、隔音、防水、耐磨、不燃烧和透光不透视的特点。玻璃空心砖可用于商场、宾馆、舞厅、住宅、展览厅和办公楼等场所的外墙、内墙、隔断、采光天棚、地面和门面的装饰用材。

玻璃马赛克又称玻璃锦砖，是一种小规格的方形彩色饰面玻璃块。玻璃马赛克的质地坚硬、性能稳定、表面不易受污染、雨天能自涤、耐久性好。它有透明和半透明之分，颜色丰富多彩，马赛克单粒表面有斑点或条纹状的质感。玻璃马赛克与陶瓷马赛克的不同之处在于：陶瓷马赛克是由瓷土制成的不透明陶瓷材料，而玻璃马赛克则是乳浊状的半透明玻璃质材料。玻璃马赛克可用于室内外墙面的装饰。当马赛克在装饰面上有拼花要求时，应注意马赛克之间的图案完整性。对于同一种色调的玻璃马赛克饰面要防止产生过大的色差。

七、金属装饰材料

金属是建筑装饰工程中不可缺少的重要材料。金属装饰制品坚固耐用，装饰表面具有独特的质感，同时颜色丰富，表面光泽度高，庄重华贵，且安装方便。目前，建筑装饰工程中常用的金属制品主要有不锈钢钢板与钢管、彩色不锈钢板、彩色涂层钢板和彩色压型钢板以及镀锌钢卷帘门板及轻钢龙骨、铝合金门窗等。

建筑装饰用不锈钢制品主要是薄钢板，其中厚度小于 2mm 的薄钢板用得最多。不锈钢的主要特征是耐腐蚀，而光泽度是其另一重要特点。不锈钢可以加工成幕墙、隔墙、门、窗、内外墙饰面、栏杆扶手等。目前，不锈钢包柱被广泛用于大型商场、宾馆和餐馆的入口、门厅、中厅等处。

彩色不锈钢板系在不锈钢板上进行技术性和艺术性的加工，使其表面成为具有各种绚丽色彩的不锈钢装饰板，其颜色有蓝、灰、紫、红、青、绿、金黄、橙、茶等多种色彩。彩色不锈钢板可用作厅堂墙板、天花板、电梯厢板、车厢板、招牌等装饰之用。采用彩色不锈钢板装饰墙面，不仅坚固耐用，而且美观新颖。

彩色压型钢板是以镀锌钢板为基材，经成型机轧制，并涂敷各种耐腐蚀涂层与彩色烤漆而制成的轻型围护结构材料。这种钢板具有质量轻、抗震性好、耐久性强、色彩鲜艳、易加工以及施工方便等优点，适用于工业与民用及公共建筑的屋盖、墙板及墙壁装饰等。

轻钢龙骨是用冷轧钢板（带）、镀锌钢板（带）或彩色涂层钢板（带）作原料，采用冷弯工艺生产的薄壁型钢。轻钢龙骨具有强度大、通用性强、安装方便、防火等特点，可用水泥压力板、岩棉板、纸面石膏板、石膏板、胶合板等板材与之配套使用，适用于各类场所的隔断和吊顶的装饰。

铝合金门窗是将按特定要求成型并经表面处理的铝合金型材，经下料、打孔、铣槽、攻丝等，加工制成门窗料构件，再加连接件、密封件、开闭五金等组合装配而成。按其结构与开启方式，可分为推拉窗（门）、平开窗（门）、悬挂窗、回转窗（门）、百叶窗、纱窗等。铝合金门窗质量轻、密封性能好、耐腐蚀、使用维修方便、色调美观。

八、无机胶凝材料类装饰材料

（一）石膏制品

建筑石膏可用于制作各种石膏板、石膏条板、石膏砌块以及棱角线条清晰的石膏线条、花饰、石膏艺术雕塑等。

纸面石膏板是将以建筑石膏为主要原料并掺入外加材料制成的石膏芯材，与特种护面纸结合起来的一种建筑板材。它具有质地轻、强度高、变形小、防火、防蛀、加工性好、易于装修等特点。根据板材的用途不同，纸面石膏板有普通纸面石膏板、防火纸面石膏板和防水纸面石膏板。纸面石膏板可用作隔断、吊顶等部位的罩面材料。在潮湿环境中（如厕所、厨房等）可用防水纸面石膏板作为吊顶罩面材料。

装饰石膏板是以建筑石膏为主要原料，掺入适量纤维增强材料和外加剂，与水一起搅拌成均匀的料浆，经浇筑成型后干燥而成的不带护面纸的石膏板材。

装饰石膏板具有轻质高强、隔声、防火等性能，可进行锯、刨、钉、粘等加工，施工方便。装饰石膏板可用于室内隔墙和吊顶的装饰。

石膏艺术制品是用优质建筑石膏为原料，加以纤维增强材料等添加剂，与水一起制成料浆，再经注模成型硬化干燥后而制得的一类产品。石膏艺术制品的品种有石膏浮雕艺术线条、线板、花饰、壁炉、罗马柱等。石膏浮雕艺术线条、线板和花饰的表面光洁，线条和图形清晰，形状稳定，阻燃，施工简单方便。

（二）装饰砂浆

装饰砂浆是指用于基体表面装饰，增加建筑物外观效果的砂浆。装饰砂浆饰面有灰浆类和石渣类。灰浆类装饰砂浆主要是通过水泥砂浆的着色或水泥砂浆表面形态的艺术加工来获得一定的色彩、线条和纹理质感，从而满足装饰的需要；石渣类装饰砂浆则是在水泥浆中掺入彩色石渣，并将其抹在基体上，待水泥浆有了一定的强度时用水洗、斧剁等方法除去表面的水泥浆皮，露出石渣的颜色和质感。

（三）装饰混凝土

装饰混凝土是利用混凝土材料的线型、质感、色彩和造型图案来取得装饰效果。装饰混凝土的种类有彩色混凝土、清水装饰混凝土和露骨料混凝土等。

彩色混凝土是采用白水泥或彩色水泥为胶凝材料，或者在普通混凝土中掺入适量的着色剂而制成的。整体采用彩色混凝土的经济投入较大，故一般在普通混凝土的基本表面做彩色饰面层。如常用于园林、人行道、庭院等场所路面的彩色混凝土地面砖就属此类材料。

清水装饰混凝土是用某一工艺将混凝土表面做成一定的几何造型，形成凹凸感极强的立体效果。常用的制作工艺有正打成型、反打成型和立模成型等。

露骨料混凝土是在混凝土硬化前后，利用一定的方法使混凝土的骨料部分外露，用骨料的天然色泽和排列组合的图案来达到装饰效果。露骨料混凝土的制作方法有水洗法、水磨法、酸洗法、抛光法等。

九、有机装饰材料

（一）木质装饰材料

木材具有美丽的天然纹理，柔和温暖的视觉及触觉特性，给人以古朴、雅致、亲切的质感，因此木材作为装饰与装修材料，具有其独特的魅力和价值，从而被广泛地使用。

木质装饰板的种类很多，装饰工程中常用的有薄木贴面板、胶合板、纤维板、刨花板、细木工板、木地板等。

薄木贴面板是一种高级的装饰材料。它是将珍贵树种（如柚木、水曲柳、柳桉等）的木材经过一定的加工处理，制成厚度为 0.1～1mm 之间的薄木切片，再采用先进的胶粘工艺和胶黏剂，粘贴在基板上而制成的。薄木贴面板主要用于制作家具、木墙裙及木门等。

胶合板是用椴、桦、松、水曲柳以及部分进口原木，沿年轮旋切成大张薄片，经过干燥、涂胶，按各层纤维互相垂直的方向重叠，在热压机上加工制成的。其特点是：材质均匀，强度高，幅面大，平整易加工，材质均匀，不翘不裂，干湿变形小，板面具有美丽的花纹，装饰性好。胶合板主要用于室内的隔墙罩面、顶棚和内墙装饰、门面装修及各种家具的制作。

纤维板是将木材加工下来的树皮、刨花、树枝等废料，经破碎浸泡，研磨成木浆，再加入一定的胶合料，经热压成型、干燥处理而成的人造板材。纤维板的特点是材质构造均匀，各项强度一致，抗弯强度高，耐磨，绝热性好，不易胀缩和翘曲变形，不腐朽，无木节、虫眼等缺陷。主要用作室内壁板、门板、地板、家具等。

刨花板是将木材加工的剩余物（如刨花碎片、短小废木料、木丝、木屑等），经过加工干燥，并加入胶合料拌和后，压制而成的人造板材。刨花板具有质量轻、强度低、隔声、保温、耐久、防虫等特点，适用于室内墙面、隔断、顶棚等处的装饰面板。

细木工板属于特种胶合板的一种。细木工板具有质坚、吸声、隔热等特点，适用于家具、车厢、船舶和建筑物内装修等。

木地板的种类较多。主要有条木地板、拼花地板、深加工实木地板等。

（二）塑料装饰材料

塑料是指以合成树脂或天然树脂为主要基料，加入其他添加剂后，在一定条件下经混炼、塑化、成型，且在常温下能保持产品形状不变的材料。

塑料装饰材料主要有塑料地板、塑料壁纸、塑料装饰板、塑料门窗等。

塑料地板是以合成树脂为原料，掺入各种填料和助剂混合后，加工而成的地面装饰材料。塑料地板的弹性好，脚感舒适，耐磨性和耐污性强，装饰效果好，其表面可做出仿木材、天然石材、地面砖等花纹图案。它的施工及维修极为方便，广泛用于室内地面的装饰。塑料壁纸是以一定材料为基材，表面进行涂塑后，再经过印花、压花或发泡处理等多种工艺而制成的一种墙面装饰材料。其特点是：装饰效果好、性能优越、适合大规模生产、粘贴方便、使用寿命长、易维修保养。

塑料壁纸是目前国内外使用最广泛的一种室内墙面装饰材料，也可用于天棚、梁柱以及车辆、船舶、飞机的表面的装饰。

塑料装饰板是指以树脂为浸渍材料或以树脂为基材，经加工制成的具有装饰功能的板材。具体品种有：硬质 PVC 板材、塑料贴面板、有机玻璃板和玻璃钢板等。

塑料门窗是一种新型门窗，具有良好的综合性能。由于塑料的导热系数小，所以塑料门窗的保温、隔热性能比钢、铝、木门窗都好。另一方面，塑料门窗由塑料异型材制成，而塑料异型材中有较多的空气，故由其制成的门窗隔热性能优于木质门窗。塑料门窗具有优良的耐腐蚀性，所以，它可以广泛用于多雨、潮湿的地区和有腐蚀性介质的工业建筑中。塑料门窗在安装制作时，采用密封条等密封措施，能使塑料门窗具有良好的气密性和水密性能。塑料窗的隔音一般达 30dB，而普通窗的隔音只有 25dB，故塑料窗的隔音性好。塑料门窗的外观平整美观，色泽鲜艳，经久不褪，装饰效果好。

（三）有机涂料

涂料是指涂于物体表面能形成具有保护、装饰或其他特殊功能的连续膜的材料。涂料是最简单的一种饰面方式，它具有工期短、工效高、自重轻、价格低、维修方便等特点，在装饰工程中得到广泛应用。

涂料的品种很多，使用范围很广，以下为几种常用涂料：

清漆：是一种不含颜料的透明涂料。清漆的种类很多，具有代表性的是虫胶清漆和醇酸清漆。清漆多用于涂装木器，可显示底色和花纹。

色漆：是指加入颜料而呈现某种颜色的、具有遮盖力的涂料的总称，包括磁漆、底漆、调和漆、防锈漆等。

聚乙烯醇水玻璃涂料：是以聚乙烯醇树脂和水玻璃作为成膜物质，加入颜料和助剂，经混合分散、研磨而成，是国内使用较广泛的内墙涂料，商品名称为"106涂料"。

聚乙烯醇缩甲醛涂料：由聚乙烯醇甲醛胶状溶液与颜色组成，商品名称为"107涂料"，多用于内墙涂料。

苯丙乳液涂料：是以苯乙烯、甲基丙烯酸甲酯、丙烯酸丁酯四元共聚乳液配合颜料制成。涂料的耐水性、耐污染性、大气稳定性及抗冻性都较好，是发展前途较好的一种涂料。

十、复合装饰材料

（一）人造大理石和人造花岗石

人造大理石和人造花岗石又称合成石。人造饰面石材的色彩、花纹图案可根据设计意图制作，具有质轻、强度高、耐酸碱、抗污染、施工轻便等优点。与天然石材相比，合成石是一种比较经济的饰面材料，同时不失天然石材的纹理与质感，可广泛用于建筑室内外装饰。

人造石材在国外已有数十年的历史。1958 年美国即采用各种树脂作胶结剂，加入多种填料和颜料，生产出模拟天然大理石纹理的板材。到了 20 世纪 60 年代末 70 年代初，人造大理石在苏联、意大利、西班牙、英国和日本等国也迅速发展起来，大量人造大理石代替了部分天然大理石、花岗石，广泛应用于商场、宾馆、展览馆、机场等建筑场所的墙面、柱面及家具装饰台面和立面。

树脂型人造石材是以不饱和聚酯树脂为胶结剂，与天然大理石碎石、石英砂、方解石、石粉或其他无机填料按一定的比例配合，再加入催化剂、固化剂、颜料等外加剂，经混合搅拌、固化成型、脱模烘干、表面抛光等工序加工而成。使用不饱和聚酯树脂的产品光泽好、颜色鲜艳丰富、可加工性强、装饰效果好，并且这种树脂黏度低，易于成型，常温下可固化。室内装饰工程中采用的人造石材主要是树脂型的。

复合型人造石材采用的黏结剂中，既有无机材料，又有有机高分子材料。其制作工艺是：先用水泥、石粉等制成水泥砂浆的坯体，再将坯体浸于有机单体中，使其在一定条件下聚合而成。对板材而言，底层用性能稳定而价廉的无机材料，面层用树脂和大理石粉制作。无机胶结材料可采用快硬水泥、白水泥、普通硅酸盐水泥、铝酸盐水泥、粉煤灰水泥、矿渣水泥以及熟石膏等。有机单体可用苯乙烯、甲基丙烯酸甲酯、醋酸乙烯、丙烯腈、丁二烯等，这些单体可单独使用，也可组合使用。复合型人造石材制品的造价较低，但它受温差影响聚合面易产生剥落或开裂。

（二）彩色涂层钢板

为提高普通钢板的防腐和装饰性能，近年来各国开发了多种彩色涂层钢板。这种钢板涂层可分有机涂层、无机涂层和复合涂层三种，以有机涂层钢板发展最快。有机涂层可以配制各种不同色彩和花纹，故称之为彩色涂层钢板。彩色涂层钢板可用作建筑外墙板、屋面板、护壁板等。如作商业亭、候车亭的瓦楞板，工业厂房、大型车间的壁板与屋顶等。

（三）铝塑板

铝塑复合板是在铝箔和塑料（或其他薄板作芯材）中间夹以塑料薄膜，经热压工艺制成的复合板。用铝塑板作为装饰材料已成为一种新的装饰潮流，其使用也越来越广泛，如建筑物的外墙装饰、计算机房、无尘操作间、店面、包柱、家具、天花板和广告招牌等。

优点：铝塑板与绚丽的玻璃幕墙和典雅的石材幕墙比起来毫不逊色，在阳光的照射下，它的面层既艳丽又凝重，同时避免了光污染。铝塑板具有轻质、高强、防水、防热、隔音、适温性好（在零下 $50 \sim 80{}^{\circ}\!C$ 的温度范围内可正常使用）、耐腐蚀、耐粉化、不易变形、良好的加工性及优异的光洁度等特点，并且易清洁，自重小，价格适中，用途广泛。

缺点：铝塑板夹层的聚合物属易燃物，所以防火性能差。铝塑板夹层的聚合物在高温下会放出有毒气体，对人体有害。铝板和聚合物用黏合剂黏结，黏结强度不高。由于铝板很薄，局部受热时中间层膨胀会使铝板向外鼓包。铝塑板安装不牢固，在高层建筑中使用危险性大。铝塑板加工安装后，在角连接处易导致断裂和渗漏。

（四）塑钢门窗

塑钢门窗是一种新型的门窗产品，是由塑料与金属材料复合而成，既具有钢门窗的刚度和耐火性，又具有塑料门窗的保温性和密封性。目前国内生产的塑钢门窗系硬质 PVC 塑钢门窗。由于塑钢门窗型材结构设计和密封条的正确安装及使用，使塑钢门窗的隔音效果好，隔音量可达 30dB，适用于密封性能要求较高的场合。

PVC 材料的热传导率较低，其导热系数为 0.17W/（m·K），为铝的 1/1250。塑钢门窗的型材结构其内腔隔成数个密闭的小空间，隔热效果很好，特别对具有冷暖空调设备系统的现代建筑，防止冷暖气逸散，非常理想，并能达到节约能源的效果。在同样面积的条件下，使用塑钢门窗比使用金属门窗节约能源 30% 上。如选用双层玻璃或中空玻璃，则节能效率更高。

第三章　土方工程施工技术

第一节　土方工程概述

　　土方工程是土木工程施工的主要工程之一。常见的土方工程有：场地平整，基坑、基槽与管沟的开挖与回填；人防工程、地下建筑物或构筑物的土方开挖与回填；地坪填土与碾压；路基填筑等。土方工程是道路、桥梁、水利、建筑、地下等各种土木工程施工的首项工程，主要包括土的开挖、运输和填筑等施工过程，有时还要进行排水、降水和土壁支撑等准备工作。在土木工程中，最常见的土方工程有：场地平整、基坑（槽）开挖、地坪填土、路基填筑及基坑回填土等。土方工程具有量大、面广、劳动繁重和施工条件复杂等特点，受气候、水文、地质、地下障碍等因素影响较大，不确定因素多，存在较大的危险性。因此在施工前必须做好调查研究，选择合理的施工方案，采用先进的施工方法和机械化施工，以保证工程的质量与安全。

一、土的性质

　　土是尚未固结成岩石的松、软堆积物。土与岩石的根本区别是土不具有刚性的联结、物理状态多变、力学强度低等特性。土位于地壳的表层，是人类工程经济活动的主要地质环境。

土与岩石一起是工程岩土学的研究对象。土是由岩石经历物理、化学、生物风化作用以及剥蚀、搬运、沉积作用在交错复杂的自然环境中所生成的各类沉积物。土的固相主要是由大小不同、形状各异的多种矿物颗粒构成的，对有些土来讲，除矿物颗粒外还含有有机质。土的固体颗粒的大小、形状、矿物成分及组成情况对土的物理力学性质有很大的影响。

（一）工程性质

土的工程性质与工程施工有关，在施工之前应详细了解，避免造成工程事故。

1. 土的密度

土的密度可分天然密度和干密度。土的天然密度是指土在天然状态下单位体积的质量，它与土的密实程度和含水量有关，在选择装载汽车运土时，可用天然密度将载重量折算成体积；土的干密度是指单位体积土中固体颗粒的质量，它在一定程度上反映了土颗粒排列的紧密程度，可用来作为填土压实质量的控制指标。

2. 土的含水量

土的含水量是土中所含的水与土的固体颗粒间的质量比，以百分数表示。土的含水量影响土方施工方法的选择、边坡的稳定和回填土的质量，它随外界雨、雪、地下水的影响而变化。一般土的含水量超过 20% 就会使运土汽车打滑或陷轮，当土的含水量超过 25%~30%，机械化施工就难以进行，在填土施工中则需控制"最佳含水量"（砂土的最佳含水量为 8% ~ 12%，黏土的最佳含水量为 19% ~ 23%），方能在夯压时获得最大干密度，而含水量过大则会产生橡皮土现象，填土无法夯实，土的含水量对土方边坡稳定性也有直接影响。

3. 土的渗透性

土的渗透性是指土体中水可以渗流的性能，一般以渗透系数表示。渗透系数的大小反映了土渗透性的强弱。不同土质，其渗透系数有较大的差异，如黏土的渗透系数小于 0.1m/d，细砂为 5 ~ 10m/d，而砾石则为 100 ~ 200m/d，在排水降低地下水时，需根据土层的渗透系数确定降水方案和计算涌水量；在土方填筑时，也需根据不同土料的渗透系数确定铺填顺序。

4. 土的可松性

土具有可松性，土的可松性是土经开挖后组织破坏、体积增加，虽经回填压实仍不能恢复成原来体积的性质。土的可松性对土方量的平衡调配，确定运土机具的数量及弃土坑的容积，以及计算填方所需的挖方体积，确定预留回填用土的体积和堆场面积等均有很大的影响，土的可松性与土质及其密实程度有关。

（二）物理性质

土的密度指单位体积土的质量，又称质量密度，由试验方法（一般用环刀法）直接测定。土的重度指单位体积土所受的重力，又称重力密度，由试验方法测定后计算求得。相对密度，土粒单位体积的质量与 4℃时单位体积蒸馏水的质量之比，由试验方法（用比重瓶法）测定。

土的干密度，土的单位体积内颗粒的质量，由试验方法测定后计算求得。

土的干重度，土的单位体积内颗粒的重力，由试验方法直接测定。

土的含水率，土中水的质量与颗粒质量之比，由试验方法（烘干法）测定。

土的饱和密度，土中孔隙完全被水充满时土的密度（是孔隙的体积），由计算求得。

土的饱和重度，土中孔隙完全被水充满时土的重度，由计算求得。土的有效重度，在地下水位以下，土体受到水的浮力作用时土的重度，又称浮重度，由计算求得。土的孔隙比，土中孔隙体积与土粒体积之比，由计算求得。

土的孔隙率，土中孔隙体积与土的体积之比，由计算求得。土的饱和度、土中水的体积与孔隙体积之比，由计算求得。

二、土的工程类别

土的种类繁多，其工程性质直接影响土方工程施工方法的选择、劳动量的消耗和工程的施工费用。

土的分类方法很多，作为土木工程地基的土，根据土的颗粒级配或塑性指数可分为岩石、碎石土（漂石、块石、卵石、碎石、圆砾、角砾）、砂土（砾砂、粗砂、中砂、细砂和粉砂）、粉土、黏性土（黏土、粉质黏土）和人工填土等。岩石根据其坚固性可分为硬质和软质岩石，根据风化程度可分为微风化、中等风化和强风化岩石。按砂土的密实度，可分为松散、稍密、中密、密实的砂土。按黏性土的状态，可分为坚硬、硬塑、可塑、软塑、流塑，特殊的黏土有淤泥、红黏土等。人工填土可分为素填土、杂填土、冲填土。不同的土，其各种工程特性指标均不相同，只有根据工程地质勘察报告，充分了解各层土的工程特性及其对土方工程的影响，才能选择正确的施工方法。

按照开挖的难易程度，在现行计价规范中，将土分为松软土、普通土、坚土、砂砾坚土、软石、次坚石、坚石、特坚石八类。

一类土（松软土）包括砂土；粉土；冲积砂土层；疏松种植土；泥炭（淤泥）等。

二类土（普通土）包括粉质黏土；潮湿的黄土；夹有碎石、卵石的砂；种植土、填筑土及粉土等。

三类土（坚土）包括软黏土及中等密实黏土；重粉质黏土；砾石土；干黄土及含碎石、卵石的黄土；粉质黏土；压实的填筑土等。

四类土（砂砾坚土）包括重黏土及含碎石、卵石的黏土；粗卵石；密实的黄土；天然级配砂石；软泥灰岩等。

五类土（软石）包括石炭纪黏土；中等密实的页岩；泥灰岩；胶结不紧的砾岩；软石灰岩等。

六类土（次坚石）包括泥岩；砂岩；砾岩；坚实的页岩；泥灰岩；密实的石灰岩；风化花岗岩；片麻岩等。

七类土（坚石）大理岩；辉绿岩；玢岩；粗、中粒花岗岩；坚实的白云岩、砂岩、砾岩、片麻岩、石灰岩、有风化痕迹的安山岩、玄武岩等。

八类土（特坚石）包括安山岩；玄武岩；花岗片麻岩；坚实的细粒花岗岩、闪长岩、石英岩、辉长岩、辉绿岩等。

第二节　土方工程场地的平整施工

大型工程项目通常都要确定场地设计平面，进行场地平整。场地平整就是将自然地面改造成人们所要求的平面。场地设计标高应满足规划、生产工艺及运输、排水及最高洪水位等要求，并力求使场地内土石方挖填平衡且土石方量最小。

一、场地设计标高的确定

场地设计标高是进行场地平整和土方量计算的依据。合理确定场地的设计标高，对于减少挖、填土方总量，节约土方运输费用，加快施工进度等都具有重要的经济意义。因此必须结合现场实际情况，选择最优方案。一般应考虑以下因素：满足生产工艺和运输的要求；尽量利用地形，减少挖方、填方数量；场地内挖方、填方平衡（面积大、地形复杂时例外），土方运输总费用最少；有一定的表面泄水坡度（≥2%），满足排水要求，并考虑最大洪水水位的影响。

场地设计标高一般应在设计文件上规定，若设计文件无规定时，可采用"挖、填土方量平衡法"或"最佳设计平面法"来确定。"最佳设计平面法"应采用最小二乘法的原理，计算出最佳设计平面，使场地内方格网各角点施工高度的平方和为最小，既能满足土方工程量最小，又能保证挖、填土方量相等，但此法计算较繁杂。"挖、填土方量平衡法"概念直观，计算简便，精度能满足施工要求，常被实际施工时采用，但此法不能保证总土方量最小。

用"挖、填土方量平衡法"确定场地设计标高，可参照下述步骤进行：

（一）初步计算场地设计标高

计算原则：场地内的土方在平整前和平整后相等而达到挖方、填方平衡，即挖方总量等于填方总量，计算场地设计标高时，首先在场地的地形图上根据要求的精度划分出边长为 10~40m 的方格网，然后标出各方格角点的标高。各角点标高可根据地形图上相邻两等高线的标高，用插入法求得。当无地形图或场地地形起伏较大（用插入法误差较大）时，可在地面用木桩打好方格网，然后用仪器直接测出标高。按照场地内土方在平整前及平整后相等，即挖方、填方平衡的原则。

（二）场地设计标高的调整

（1）考虑土的可松性而使场地设计标高提高。由于土具有可松性，进行施工时，填土会有剩余，需相应提高场地设计标高，以达到土方量的实际平衡。

（2）由于设计标高以上的各种填方工程（如填筑路基）而导致设计标高的降低，或者由于设计标高以下的各种挖方工程（如开挖水池等）而导致设计标高的提高。

（3）由于边坡填、挖土方量不等（特别是坡度变化大时）而影响设计标高的增减。

（4）根据经济比较的结果，而将部分挖方就近弃土于场外，或将部分填方就近从场外取土而引起挖、填土方量变化，导致场地设计标高的降低或提高。

（三）考虑泄水坡度对场地设计标高的影响

计算各方格角点的设计标高若按上述计算并调整后的场地设计标高进行场地平整，整个场地将处于同一水平面，但由于场地排水的要求，场地表面应有一定的泄水坡度并符合设计要求。如设计无要求时，一般应沿排水方向做成不小于2%泄水坡度。因此，应根据场地泄水坡度的要求（单向泄水或双向泄水），计算出场地内各方格角点实际施工时所采用的设计标高。

二、土方调配

土方调配工作是土方施工设计的一项重要内容，一般在土方工程量计算完毕即可进行。土方调配的目的是方便施工，并且在土方总运输量最小或土方运输成本（元）最低的条件下，确定填、挖方区土方的调配方向、数量和平均运距，从而缩短工期，降低成本。土方调配合理与否，将直接影响到土方施工费用和施工进度，如调配不当，会给施工现场带来混乱，因此，应予以重视。

（一）土方调配原则

（1）应力求达到挖方与填方基本平衡和总运输量最小，即使挖方量与运距的乘积之和尽可能最小。有时，仅局限于一个场地范围内的挖、填平衡难以满足上述原则时，可根据现场情况，考虑就近取土或弃土，这样可能更经济合理。

（2）考虑近期施工和后期利用相结合。先期工程的土方余额应结合后期工程的需要而考虑其利用数量与堆放位置，并注意为后期工程的施工创造良好的施工条件，避免重复挖运。

（3）应注意分区调配与全场调配的协调，并将好土用在回填质量要求高的填方区。

（4）尽可能与城市规划、农田水利及大型地下结构的施工相结合，避免土方重复挖、填和运输。

（二）土方调配图表的编制方法

场地土方调配需制成相应的图表，土方调配图表的编制方法如下：

（1）划分调配区。在场地平面图上先画出挖、填方区的分界线（即零线），并将挖、填方区适当划分成若干调配区，调配区的大小应与方格网及拟建工程结构的位置相协调，并应满足土方及运输机械的技术性能要求，使其功能得到充分发挥。

（2）计算土方量。计算各调配区的土方量并标注在图上。

（3）计算每对调配区之间的平均运距。平均运距即挖方区土方重心至填方区土方重心距离，因此需求出每个调配区的重心。其计算方法如下：取场地或方格网中的纵横两边为坐标轴，分别求出各调配区土方的重心位置。

（4）确定土方调配方案。可以根据每对调配区的平均运距，绘制多个调配方案，比较不同方案的总运输量，以总运输量最小者为经济调配方案。土方调配可采用线性规划中的"表上作业法"进行，该方法直接在土方量平衡表上进行调配，简便科学，可求得最优调配方案。

（5）绘出最优方案的土方平衡表和土方调配图。根据以上计算，标出调配方向、土方数量及运距（平均运距再加施工机械前进、倒退和转弯必需的最短长度)。

三、场地平整中的机械化施工

土方工程机械主要包括挖掘机械（单斗或多斗挖土机）、挖运机械（推土机、铲运机、装载机）、运输机械（自卸汽车、皮带运输机等）和密实机械（压路机、蛙式夯、振动夯等）4 大类。一般应依据建设项目工程特点、施工单位现有机械情况和大型机械配套要求，综合考虑经济效益，合理选用。

（一）推土机

推土机是在履带式拖拉机的前方安装推土铲刀（推土板）所制成的。按铲刀的操纵机构不同，推土机分为索式和液压式两种。推土机能单独完成挖土、运土和卸土工作，其具有操纵灵活、运转方便、所需工作面较小、行驶速度较快等特点。推土机主要适用于一至三类土的浅挖短运，如场地清理或平整，开挖深度不大的基坑以及回填，推筑高度不大的路基等。此外，推土机还可以牵引其他无动力的土方机械，如拖式铲运机、松土器、羊足碾等。

推土机推运土方的运距，一般不超过 100m，如运距过长，土将从铲刀两侧流失过多，影响其工作效率，经济运距一般为 30~60m，铲刀刨土长度一般为 6~10m。

为了提高推土机的工作效率，常用以下几种作业方法：下坡推土法，分批集中、一次推送法，沟槽推土法，并列推土法，斜角推土法。

（二）铲运机

铲运机是一种能综合完成挖、装、运、填的机械，对行驶道路要求较低，操纵灵活，生产率较高。按行走机构可将铲运机分为自行式铲运机和拖拉式铲运机两种；按铲斗操纵方式，又可将铲运机分为索式和油压式两种。

铲运机一般适用于开挖含水量不大于 27% 的三类土，常用于坡度在 20°以内的大面积场地平整、大型基坑的开挖、堤坝和路基的填筑等。不适于在砾石层、冻土地带和沼泽地区使用。坚硬土开挖时要用推土机助铲或用松土器配合。拖式铲运机的运距以不超过 800m 为宜，当运距在 300m 左右时效率最高；自行式铲运机的行驶速度快，可适用于稍长距高的挖运，其经济运距为 800~1500m，但不宜超过 3500m。铲运机适宜在松土、普通土且地形起伏不大（坡度在 20°以内）的大面积场地上施工。

（三）单斗挖土机

当场地起伏高差较大、土方运输距离超过 1km，且工程量大而集中时，可采用挖土机挖土，配合自卸汽车运土，并在卸土区配备推土机整平土堆。单斗挖土机是土方开挖的常用机械。按行走装置的不同，分为履带式和轮胎式两类；按传动方式分为索具式和液压式两种；根据工作装置分为正铲、反铲、拉铲和抓铲 4 种。使用单斗挖土机进行土方开挖作业时，一般需自卸汽车配合运土。

1. 正铲挖土机施工

正铲挖土机的挖土特点是"前进向上，强制切土"。正铲挖土机挖掘力大，生产效率高，易与载重汽车配合，可以开挖停机面以上的一至四类土，宜用于开挖高度大于 2m，土的含水量小于 27%，较干燥的基坑，但需设置坡度不大于 1∶6 的坡道。

2. 反铲挖土机施工

反铲挖土机的挖土特点是"后退向下，强制切土"，随挖随行或后退。反铲挖土机的挖掘力比正铲小，适于开挖停机面以下的一至三类土的基坑、基槽或管沟，不须设置进出口通道，可挖水下淤泥质土，每层的开挖深度以 1.5~3.0m 为宜。

3. 拉铲挖土机施工

拉铲挖土机的挖土特点是"后退向下，自重切土"，其挖土半径和挖土深度较大，能开挖停机面以下的一至二类土。工作时，利用惯性力将铲斗甩出去，涉及范围大，但灵活性、准确性较差，与汽车配合较难。拉铲挖土机宜用于开挖较深、较大的基坑（槽）、沟渠或水中挖土，以及填筑路基、修筑堤坝，更适于河道清淤，其开挖方式分为沟端开挖和沟侧开挖。

4. 抓铲挖土机施工

素具式抓铲挖土机的挖土特点是"直上直下，自重切土"，其挖掘力较小，能开挖一至二类土，适于施工面狭窄而深的基坑、深槽、沉井等开挖，清理河泥等工程，最适于水下挖土。目前，液压式抓铲挖土机得到了较多应用，其性能大大优于索具式。对于小型基坑，抓铲挖土机可立于一侧进行抓土作业；对较宽的基坑（槽），需在两侧或四周抓土，施工时应离开基坑足够的距离。

四、土方机械的选择

土方开挖机械的选择主要是确定其类型、型号、台数。挖土机械的类型是根据土方开挖类型、工程量、地质条件及挖土机的适用范围而确定的，再根据开挖场地条件、周围环境及工期等确定其型号、台数和配套汽车数量。

（一）选择土方机械的依据

土方工程的类型及规模，施工现场周围环境及水文地质情况，现有机械设备条件和工期要求等。

（二）土方机械与运输车辆的配合

当挖土机挖出的土方需运输车辆外运时，生产率不仅取决于挖土机的技术性能，而且还取决于所选的运输工具是否与之协调。

为了充分发挥挖土机的生产能力，应使运土车辆载重量与挖土机的每斗土重保持一定的倍率关系；为了保证挖土机能不间断的作业，还要有足够数量的车辆。载重量大的汽车需要的辆数较少，挖土机等待汽车调车的时间也较少，但汽车台班费用高，所需总费用不一定经济合理。根据实践经验，所选汽车的载重量以取 3~5 倍挖土机铲斗中的土重为宜。为了减少车辆的调头、等待、让车和装土时间，装车场地还须考虑适宜的调头方法及停车位置。

第三节 土方工程中的排水设计

一、排除地面水

场地积水将影响施工，为了保证土方及后续工程施工的顺利进行，场地内的地面水和雨水均应及时排走，以保持场地土体干燥。

在施工场地内布置临时排水系统时，应注意与原有排水系统相适应，并尽量与永久性排水设施相结合，以节省费用。

地面水的排除通常可采用设置排水沟（疏）、截水沟（堵）或修筑土堤（挡）等设施来进行。设置排水沟时应尽量利用自然地形，以便将水直接排至场外或流入低洼处抽走。主排水沟最好设置在施工区边缘或道路两旁，其横断面和纵向坡度应参照施工期内地面水最大流量确定。一般排水沟的横断面不小于500mm×500mm，纵向坡度一般不小于3‰，平坦地区不小于2‰，沼泽地区可降至1‰。施工过程中应注意保持排水沟畅通，必要时设置涵洞。排水设备的能力宜大于总渗水量的1.5～2.0倍。

在山坡区域施工，应在较高一面的山坡上开挖截水沟，以阻止山坡水流入施工场地。

在平坦地区或低洼地区施工时，除开挖排水沟外，必要时还要修筑土堤挡水，以阻止场外水或雨水流入施工场地。

二、降低地下水

在土方开挖过程中,当基坑(槽)、管沟底面低于地下水位时,由于土的含水层被切断,地下水会不断地渗入坑内。雨季施工时,地面水也会流入坑内。如果不采取措施,把流入基坑的水及时排走或把地下水位降低,不仅会使施工条件恶化,而且地基土被水泡软后,容易造成边坡塌方并使地基的承载能力下降。另外,当基坑下遇有承压含水层时,若不降水减压,则基底可能被冲溃破坏。因此,为了保证工程质量和施工安全,在基坑开挖前或开挖过程中,必须采取措施降低地下水位,使地基土在开挖及基础施工时保持干燥。

降低地下水位的方法有集水坑降水法和井点降水法。集水坑降水法一般适用于降水深度较小且土层为粗粒土层或渗水量小的黏性土层。当基坑开挖较深,又采用刚性土壁支护结构挡土并形成止水帷幕时,基坑内降水也多采用集水坑降水法。如降水深度较大,或土层为细砂、粉砂或软土地区时,宜采用井点降水法。当采用井点降水法但仍有局部区域降水深度不足时,可辅以集水坑降水。无论采用何种降水方法,均应持续到基础施工完毕,且土方回填后方可停止降水。

(一)集水坑降水法

集水坑降水法(也称明排水法)是在基坑开挖过程中,在基坑底设置若干个集水坑,并在基坑底的四周或中央开挖排水沟,使水流入集水坑内,然后用水泵抽走。抽出的水应引至远离基坑的地方,以免倒流回基坑内。雨季施工时,应在基坑周围或地面水的上游,开挖截水沟或修筑土堤，以防地面水流入基坑内。

1. 集水坑设置

集水坑应设置在基础范围以外，地下水走向的上游，以防止基坑底的土颗粒随水流失而使土结构受到破坏。集水坑的间距根据地下水量大小、基坑平面形状及水泵的抽水能力等确定，一般每隔 20~40m 设置一个。集水坑的直径或宽度一般为 0.6~0.8m，其深度随着挖土的加深而加深，并保持低于挖土面 0.7~1.0m。坑壁可用竹、木料等简易加固。当基坑挖至设计标高后，集水坑底应低于基坑底面 1.0~2.0m，并铺设碎石滤水层（厚 0.3m）或下部铺设砾石（厚 0.1m）上部铺设粗砂（厚 0.1m）的双层滤水层，以免因抽水时间过长而将泥砂抽出，并防止坑底土被扰动。

采用集水坑降水法，根据现场土质条件，应保持开挖边坡的稳定性。边坡坡面上如有局部渗入地下水时，应在渗水处设置过滤层，防止土粒流失，并设排水沟将水引出坡面。

2. 水泵性能选用

在基坑降水时使用的水泵主要有离心泵、潜水泵等。

（1）离心泵

离心泵的抽水原理是利用叶轮高速旋转时所产生的离心力，将轮心中的水甩出而形成真空，使水在大气作用下自动进入水泵，并将水压出。离心泵的性能主要包括流量，即水泵单位时间内的出水量（m^3/h）；总扬程，即水泵的扬水高度（包括吸水扬程与出水扬程两部分）；吸水扬程，即水泵的最大吸水高度（又称允许吸上真空高度）。

离心泵的选择主要根据流量与扬程而定。离心泵的流量应满足基坑涌水量的要求，其扬程在满足总扬程的前提下，主要是使吸水扬程满足降低地下水位的要求（考虑由于管路阻力而引起的损失扬程为 0.6~1.2m）。如果不够，可另选水泵或降低其安装位置。离心泵的抽水能力大，一般宜用于地下水量较大的基坑。

离心泵安装时应使吸水口伸入水中至少 0.5m，并注意吸水管接头严密不漏气。使用时要先将泵体及吸水管内灌满水，排出空气，然后开泵抽水（此称为引水），在使用过程中要防止漏气与杂物堵塞。

（2）潜水泵

潜水泵由立式水泵与电动机组成，电动机有密封装置，其特点是工作时完全浸在水中。这种泵具有体积小、重量轻、移动方便、安装简单及开泵时不需引水等优点，在基坑排水中已广泛应用（一般用于涌水量 $<60m^3/h$ 时）。

常用的潜水泵流量有 $15m^3/h$、$25m^3/h$、$65m^3/h$、$100m^3/h$，出水口径相应为 40mm、50mm、100mm、125mm，扬程相应为 25m、15m、7m、3.5m。在使用时为了防止电机烧坏，应注意不得脱水运转或陷入泥中，也不适用于排除含泥量较高的水或泥浆水，否则叶轮会被堵塞。

（二）井点降水法

井点降水法即人工降低地下水位法，就是在基坑开挖前，预先在基坑周围或基坑内设置一定数量的滤水管（井），利用抽水设备从中抽水，使地下水位降至坑底以下并稳定后才开挖基坑。同时，在开挖过程中仍不断抽水，使地下水位稳定于基坑底面以下，使所挖的土始终保持干燥，从根本上防止流砂现象发生，并且改善挖土条件，可改为陡边坡以减少挖土数量，还可以防止基底隆起和加速地基固结，提高工程质量。但要注意的是，在降低地下水位的过程中，基坑附近的地基土会产生一定的沉降，施工时应考虑这一因素的影响。

井点降水法有：轻型井点、喷射井点、电渗井点、管井井点及深井井点等。各种方法的选用，可根据土的渗透系数、降低水位的深度、工程特点、设备条件及经济技术等比较，实际工程中轻型井点和管井井点应用较广。

1. 轻型井点

轻型井点是沿基坑四周每隔一定距离埋入井点管（下端为滤管）至含水层内，井点管上端通过弯联管与总管相连，利用抽水设备将地下水从井点管内不断抽出，使原有地下水位降至基坑底面以下。

（1）轻型井点设备

轻型井点设备由管路系统和抽水设备组成。

管路系统包括井点管、滤管、弯联管和总管等。

井点管为直径 38～51mm、长 6～10m 的钢管，可整根或分节组成。井点管的上端通过弯联管与总管相连，弯联管一般采用橡胶软管或透明塑料管，后者能随时观察井点管出水情况。

井点管下端配有滤管，滤管为进水设备，长 1.0～2.0m，直径 38～51mm，可与井点管一体制作或用螺纹套管连接，管壁上钻有直径 12～19mm 的呈梅花状排列的滤孔，滤孔面积为滤管表面积的 15%～25% 钢管外面包以两层孔径不同的滤网，内层为细滤网（钢丝布或尼龙丝布），外层为粗滤网（塑料带编织纱布）。为使水流畅通，在管壁与滤网之间用细塑料管或铁丝绕成螺旋状将两者隔开。滤网外面用带孔的薄铁管或粗铁丝网保护。滤管下端为一塞头（铸铁或硬木）。

集水总管一般为直径100~127mm的钢管，每节长4m，其间用橡胶管连接，并用钢箍卡紧，以防漏水。总管上每隔0.8m或1.2m设有一个与井点管连接的短接头。

抽水设备常用的有真空泵设备与射流泵设备两类：

①真空泵抽水设备由真空泵、离心泵和水汽分离器（又称集水箱）等组成，一套设备能带动的总管长度为100~120m。抽水时，先开动真空泵，将水汽分离器抽成一定程度的真空，使土中的水分和空气受真空吸力作用形成水汽混合液，经管路系统和过滤箱进入水汽分离器中，然后开动离心泵，使水汽分离器中的水经离心泵由出水管排出，空气则集中在水汽分离器上部由真空泵排出。如水多来不及排出时，水汽分离器内的浮筒上浮，阀门将通往真空泵的通路关闭，保护真空泵不致进水。副水汽分离器用来滤清从空气中带来的少量水分使其落入该分离器下层放出，以保证水不致吸入真空泵内。压力箱调节出水量，并阻止空气由水泵部分窜入水气分离器内，影响真空度。过滤箱是用以防止水流中的部分细砂磨损机械。为使真空度能适应水泵的要求，在水汽分离器上装设有真空调节阀，另设有冷却循环水泵对真空泵进行冷却。

②射流泵抽水设备由离心泵、射流器、循环水箱等组成，其工作原理是：离心泵将循环水箱里的水压入射流器内由喷嘴喷出时，由于喷嘴处断面收缩而使水流速度骤增，压力骤降，使射流器空腔内产生部分真空，把井点管内的水、气吸上来进入水箱，待箱内水位超过泄水口时自

动溢出，排至指定地点。

　　射流泵抽水设备与真空泵抽水设备相比，具有结构简单、体积小、重量轻、制造容易、使用维修方便、成本低、便于推广等优点。但射流泵抽水设备排气量较小，对真空度的波动比较敏感，且易于下降，使用时要注意管路密封，否则会降低抽水效果。

　　一套射流泵抽水设备可带动总管长度 30～50m，适用于粉砂、粉土等渗透性较小的土层中降水。

　　（2）轻型井点布置

　　轻型井点系统的布置，应根据基坑平面形状及尺寸、基坑深度、土质、地下水位高低与流向、降水深度等因素确定。

　　①平面布置。

　　当基坑或沟槽宽度小于 6m，水位降低不大于 5m 时，可采用单排线状井点，井点管应布置在地下水的上游一侧，其两端的延伸长度一般不小于坑（槽）宽度。如沟槽宽度大于 6m，或土质不良，则采用双排井点。面积较大的基坑应采用环状井点。有时，为了便于挖土机械和运输车辆进出基坑，可留出一段（地下水下游方向）不封闭或布置成 U 形。井点管距离基坑壁一般不小于 1.0m，以防局部发生漏气。井点管间距应根据现场土质、降水深度、工程性质等按计算或经验确定，一般为 0.8～1.6m，不超过 2.0m，在总管拐弯处或靠近河流处，井点管应适当加密，以保证降水效果。

　　采用多套抽水设备时，井点系统要分段，每段长度应大致相等。为减少总管弯头数量，提高水泵抽吸能力，分段点宜在总管拐弯处。泵应设在各段总管的中部，使泵两边水流平衡。分段处应设阀门或将总管断开，以免管内水流紊乱，影响抽水效果。

②高程布置。

轻型井点的降水深度，在井点管处（不包括滤管）一般以不超过6m为宜（视井点管长度而定）。进行高程布置时，应考虑井点管的标准长度及井点管露出地面的高度（约0.2~0.3m），且必须使滤管埋设在透水层中。

如果计算出的井点管的埋设深度值大于井点管长度，则应降低井点系统的埋置面，通常可事先挖槽，使集水总管的布置标高接近于原地下水位线，以适应降水深度的要求。

当采用一级轻型井点达不到降水深度要求时，如上层土质良好，可先用其他方法降水（如集水坑降水），然后挖去干土，再布置井点系统于原地下水位线之下，以增加降水深度，或采用二级（甚至多级）轻型井点，即先挖去上一级井点所疏干的土，然后再埋设下一级井点。

（3）轻型井点计算

轻型井点的计算主要包括：基坑涌水量计算，井点管数量及井距确定，抽水设备的选用等。井点计算由于不确定因素较多（如水文地质条件、井点设备等），目前计算出的数值只是近似值。井点系统的涌水量计算是以水井理论为依据进行的。根据地下水在土层中的分布情况，水井有几种不同的类型。水井布置在含水层中，当地下水表面为自由水压时，称为无压井。

当含水层处于两个透水层之间，地下水表面具有一定水压时，称为承压井。另一方面，当水井底部达到不透水层时，称为完整井；否则称为非完整井。综合而论，水井大致有下列四种：无压完整井、无压非完整井、承压完整井和承压非完整井。水井类型不同，其涌水量的计算公式亦不相同。

无压完整井单井抽水时水位发生变化。当水井开始抽水时，井内水位逐步下降，周围含水层中的水则流向井内。经一定时间的抽水后，井周围的水面由水平面逐步变成漏斗状的曲面，并渐趋稳定形成水位降落漏斗。自井轴线至漏斗外缘（该处原有水位不变）的水平距离称为抽水影响半径。

轻型井点系统中，各井点布置在基坑四周同时抽水，因而各单井的水位降落漏斗相互干扰，每个单井的涌水量比单独抽水时小，因此考虑到群井的相互作用，其总涌水量不等于各单井涌水量之和，为了简化计算，环状井点系统可换算为一个假想半径的圆形井点系统进行分析。

当矩形基坑的长宽比大于 5 或基坑宽度大于抽水影响半径的两倍时，需将基坑分块，使其符合计算公式的适用条件，然后按块计算涌水量，将其相加即为总涌水量。对于实际工程中常遇到的无压非完整井的井点系统，地下水不仅从井的侧面进入，还从井底流入，因此其涌水量较无压完整井大，精确计算比较复杂。为了简化计算，可简单地用有效影响深度。

（4）轻型井点的施工

轻型井点施工的工艺流程如下：

施工准备井点管布置→井点系统埋设→井点系统使用→井点系统拆除

准备工作包括井点设备、施工机具、动力、水源及必要材料（如砂滤料）的准备，排水沟的开挖，附近建筑物的标高观测以及防止附近建筑物沉降措施的实施。另外，为了检查降水效果，必须选择有代表性的地点设置水位观测孔。

井点系统埋设的程序是：先挖井点沟槽、排放总管，再埋设井点管，用弯联管将井点管与总管相连，安排抽水设备，试抽水。其中井点管的埋设是关键性工作。

井点管的埋设可以采用以下方法：①利用冲水管冲孔后埋设井点管；②钻孔后沉放井点管；③直接利用井点管水冲下沉；④以带套管的水冲法或振动水冲法成孔后沉放井点管。当采用冲水管冲孔时，有冲孔与埋管两个过程。

冲管采用直径为 50~70mm 的钢管，其长度一般比井点管长 1.5m 左右。冲管的下端装有圆锥形冲嘴，在冲嘴的圆锥面上钻有 3 个喷水小孔，各孔之间焊有三角形翼，以辅助水冲时扰动土层，便于冲管更快下沉。冲孔所需的水压力根据土质不同而异，一般为 0.6~1.2MPa。为了加快冲孔速度可在冲管两侧加装两根空气管，通入压缩空气。冲孔时应将冲水管直插入土中，并做上、下、左、右摆动，加剧土层松动。冲孔直径一般在 300mm 左右，不宜过大或过小，深度一般应比井点设计深度增加 500mm 左右，以便滤管底部有足够的砂滤层。井孔冲成后，随即拔出冲管，插入井点管，并在井点管与孔壁之间迅速填灌粗砂滤层，以防孔壁塌土。砂滤层应选用洁净粗砂，厚度一般为 60~100mm，填灌高度至少达到滤管顶以上 1.0~1.5m，以保证水流畅通。

每根井点管沉放后应检验其渗水性能。井点管与孔壁之间填砂滤料时，管口应有泥浆水冒出，或向管内灌水时，能很快下渗，方为合格。

在第一组轻型井点系统安装完毕后，应立即进行抽水试验，检查管路接头质量、井点出水状况和抽水设备运转情况等，如发现漏气、漏水现象，应立即处理，因为一个漏气点往往会影响整个井点系统的真空度大小，影响降水的效果。若发现"死井"（井点管淤塞），特别是在同一范围内有连续数根"死井"时，将严重影响降水效果。在这种情况下，应对每根"死井"用高压水反向冲洗或拔出重新沉放。抽水试验合格后，井点孔口至地面以下 0.5~1.0m 的深度内，应用黏土填塞封孔，以防漏气和地表水下渗，提高降水效果。

轻型井点系统使用时，应连续抽水（特别是开始阶段），若时抽时停，滤管易堵塞，也容易抽出土粒，使出水浑浊，严重时会引起附近建筑物沉降开裂。同时，由于中途停抽，地下水回升，会引起边坡土方坍塌或在建的地下结构（如地下室底板等）上浮等事故。轻型井点正常的出水规律是"先大后小，先浑后清"，否则应检查纠正。在降水过程中，应调节离心泵的出水阀以控制水量，使抽吸排水保持均匀，并经常检查有无"死井"产生（正常工作的井管，用手探摸时，有"冬暖夏凉"的感觉）。应按时观测流量、真空度（一般真空度应不低于60kPa）和检查观测井中水位下降情况，并做好记录。

采用轻型井点降水时，还应对附近建筑物进行沉降观测，必要时应采取防护措施。

2. 管井井点

管井井点就是沿基坑每隔一定距离设置一个管状井，每个管井单独用一台水泵不间断抽水，从而降低地下水位。在土的渗透系数较大（20~200m/d）、地下水充沛的土层中，适于采用管井井点法降水。

管井井点的设备主要由管井、吸（出）水管与水泵等组成。管井可用钢管、混凝土管及焊接钢筋骨架管等。钢管管井的管身采用直径200~250mm的钢管，其过滤部分（滤管）采用钢筋焊接骨架（密排螺旋箍筋）外包细、粗两层滤网（如一层铁丝网和一层细纱滤网），长度为2~3m。混凝土管井的内径为400mm，管身为实管（无孔洞），滤管的孔隙率为20%~25%焊接钢筋骨架管直径可达350mm，管身可为实管（无孔洞）或与滤管相同（上下皆为滤管，透水性好）。吸（出）水管一般采用直径50~100mm的钢管或胶皮管，吸水管下端或潜水泵应沉入管井抽吸时的最低水位以下，为了启动水泵和防止在水泵运转中突然停泵时发生水倒灌，在吸水管底应装逆止阀。水泵可采用管径为2~4英寸（直径50.8~101.6mm）的潜水泵或单级离心泵管井的间距，一般为20~50m，深度为8~15m。管井井点的水位降低值：井内可达6~10m，两井中间为3~5m。井的中心距基坑（槽）边缘的距离：当采用泥浆护壁钻孔法成孔时，不小于3.0m，当采用泥浆护壁冲击钻成孔时，为0.5~1.5m。管井井点的设计计算，可参照轻型井点进行。

管井井管的沉设，可采用钻孔法成孔（泥浆护壁或套管成孔，参见第3章钻孔灌注桩）。钻孔的直径，应比井管外径大200mm，深度宜比井管长0.3~0.5m。下井管前应进行清孔（降低沉渣厚度和泥浆比重），然后沉放井管并随即用粗砂或5~15mm的小砾石填充井管周围至含水层顶以上3~5m作为过滤层，过滤层之上井管周围改用黏土填充密实，长度不少于2m。管井沉设中的最后一道工序是洗井。洗井的作用是清除井内泥砂和过滤层淤塞，使井的出水量达到正常要求。常用的洗井方法有水泵洗井法、空气压缩机洗井法等。

管井井口应设置防护盖板或围栏，设置明显的警示标志。降水完成后，应及时将井孔填实。

3. 喷射井点

当基坑开挖要求降水深度大于 6m，土层的渗透系数为 0.1~50m/d 时，适宜于采用喷射井点，其降水深度可达 20m。如采用轻型井点则必须用多级井点，增大了井点设备用量和土方开挖工程量。

喷射井点的设备，主要由喷射井管、高压水泵和管路系统组成。喷射井点的工作原理简述如下：喷射井管一般由同心的内管和外管组成，在内管下端装有起升水作用的喷射扬水器与滤管相连。将集水池内的水通过高压水泵使其变成具有一定压力水头（0.7~0.8MPa）的高压水，经进水总管进入各井点管内外管间的环形空腔，并经扬水器的进水窗流向喷嘴。由于喷嘴截面只有环形空腔的几十分之一，因而流速急剧增加，压力水由喷嘴以很高的流速（30~60m/s）喷入混合室，将喷嘴口周围空气吸入，被急速水流带走，因而该室压力下降而形成一定真空度。管内外压力差使地下水被吸入井管。地下水及一部分空气通过滤网，从滤管中的芯管上升至扬水器，经过喷嘴两侧与喷射出来的高速水流一起进入混合室，成为混合水流经扩散管，因截面扩大流速降低而转化为压力水头，通过内管自行扬升至地面，并经排水总管流入集水池，沉淀后重新参加工作循环，多余的水由低压离心泵排走。如此循环，使地下水位逐渐降低。

当基坑宽度小于等于 10m 时，喷射井点可单排布置；当基坑宽度大于 10m 时，可双排布置；当基坑面积较大时，宜采用环形布置。井点间距一般采用 1.5~3m。喷射井点的型号以井点管外管直径（英寸）表示，根据不同渗透系数，一般有 1.5 型、2.5 型、4 型、6 型等，以适应不同排水量要求。高压水泵一般宜选用流量为 50~80m³/h 的多级高压离心水泵，每套约能带动 20~30 根井管。

喷射井点的施工顺序：安装水泵设备及泵的进出水管路；敷设进水总管和排水总管；沉设井点管并灌填砂滤料，接通进水总管后及时进行单根试抽、检验；全部井点管沉设完毕，接通排水总管后，全面试抽，检查整个降水系统的运转情况及降水效果。

井点管组装时必须保证喷嘴与混合室中心线一致，否则真空度会降低，影响抽水效果。组装后每根井点管均应在地面做泵水试验和真空度测定（不宜小于 93.1kPa，即 700mm 汞柱）。

沉设井点管时，井管的冲孔直径不应小于 400mm，冲孔深度应比滤管底深 1m 以上，冲孔完毕后，应立即沉设井点管，灌填砂滤料，最后再用黏土封口，深为 0.5~1.0m。井点管与进水、排水总管的连接均应安装阀门，以便调节使用和防止不抽水时发生回水倒灌。管路接头均应安装严密。

喷射井点所用的工作水应保持清洁，不得含泥砂和其他杂物，否则会使喷嘴、混合室等部位很快受到磨损，影响扬水器使用寿命。全面试抽两天后，应用清水更换工作水，防止水质浑浊。抽水时，如发现井点管周围有翻砂冒水现象时，应立即关闭该井点管，并进行检查处理。

三、基坑开挖与降水对邻近建筑物的影响和措施

1. 基坑开挖与降水对邻近建筑物的影响

在基坑开挖时常需进行降水，当在弱透水层和压缩性大的黏土层中降水时，由于地下水流失造成地下水位下降、地基自重应力增加、土层压缩和土粒随水流失甚至被掏空等原因，会产生较大的地面沉降。又由于土层的不均匀性和降水后地下水位呈漏斗曲线，四周土层的自重应力变化不一致而导致不均匀沉降，使周围建筑物基础下沉或房屋开裂。另外，当在粉土地区建造高层建筑箱基，用钢板桩和井点降水开挖基坑时，除降水期间有沉降外，在拔钢板桩时也会导致邻近建筑物的沉降和开裂。

2. 在降水中防止邻近建筑物受影响的措施

在基坑降水开挖中，为防止因降水影响或损害降水影响范围内的建筑物，可采取以下几种措施：

（1）减缓降水速度，勿使土粒带出。具体做法是加长井点，减缓降水速度（调小离心泵阀），并根据土的粒径改换滤网，加大砂滤层厚度，防止在抽水过程中带出土粒。

（2）在降水区域和原有建筑物之间的土层中设置一道固体抗渗屏幕（止水帷幕）。即在基坑周围设一道封闭的止水帷幕，使基坑外地下水的渗流路径延长，以保持水位。止水帷幕的设置可结合挡土支护结构设置或单独设置。常用的有深层搅拌法、压密注浆法、冻结法等。

（3）回灌井法。即在建筑物靠近基坑一侧，采用回灌井（沟），向土层内灌入足够量的水，使建筑物下保持原有地下水位，以求邻近建筑

物的沉降最小。

回灌井点是防止井点降水损害周围建筑物的一种经济、简便、有效的方法，它能将井点降水对周围建筑物的影响减少到最低程度。为确保基坑施工的安全和回灌的效果，回灌井点与降水井点之间应保持一定的距离，一般不宜小于 6m，降水与回灌应同步进行。

第四节　土方开挖

一、土方开挖

（一）学习和审查图纸

检查图纸和资料是否齐全，核对平面尺寸和坑底标高，确定图纸相互间有无错误和矛盾；掌握设计内容及各项技术要求，了解工程规模、结构形式、特点、工程量和质量要求；熟悉土层地质、水文勘察资料；审查地基处理和基础设计；会审图纸，搞清地下构筑物、基础平面与周围地下设施管线的关系，确定图纸相互间有无错误和冲突；研究好开挖程序，明确各专业工序间的配合关系、施工工期要求，并向施工人员进行层层技术交底。

（二）踏勘施工现场

摸清工程场地情况，收集施工需要的各项资料，包括施工场地地形、地貌、地质水文、河流、气象、运输道路、邻近建筑物、地下基础、管线、电缆坑基、防空洞、地面上施工范围内的障碍物和堆积物状况，供水、供电、通信情况，防洪排水系统等，以便为施工规划和准备提供可靠的资料和数据。

（三）编制施工方案

研究制订施工现场场地整平、基坑开挖施工方案；绘制施工总平面布置图和基坑土方开挖图；确定开挖路线、顺序、范围、底板标高、边坡坡度、排水沟和集水井位置以及挖出的土方堆放地点；提出需用施工机具、劳动力、新技术计划。

（四）平整施工场地

按设计或施工要求范围和标高平整场地，将土方运至规定弃土区；凡在施工区域内影响工程质量的软弱土层、淤泥、腐殖土、大卵石、垃圾、树根、草皮以及不宜作填土和回填土的稻田湿土，应分情况采取全部挖除或设排水沟疏干、抛填块石或砂砾等方法进行妥善处理，以免影响地基承载力。

（五）清除现场障碍物

对施工区域内所有障碍物，如高压电线、电杆、塔架、地上和地下管道、电缆、坟墓、树木沟渠以及旧有房屋、基础等进行拆除或搬迁、改建、改线；对附近原有建筑物、电杆、塔架等采取有效的防护加固措施，可利用的建筑物应充分利用。

（六）进行地下墓探

在黄土地区或有古墓地区，应在工程基础部位，按设计要求位置，用洛阳铲进行铲探，发现墓穴、土洞、地道（地窖）、废井等，应对地基进行局部处理。

（七）做好排水降水设施

在施工区域内设置临时性或永久性排水沟，将地面水排走或排到低洼处，再设水泵排走；或疏通原有排水泄洪系统。排水沟纵向坡度一般不小于2%，以使场地不积水；山坡地区，在离边坡上沿5~6m处，设置截水沟、排洪沟，阻止坡顶雨水流入开挖基坑区域内，或在需要的地段修筑挡水堤坝阻水。地下水位高的基坑，在开挖前一周将水位降低到要求的深度。

（八）设置测量控制网

根据给定的国家永久性控制坐标和水准点，按建筑物总平面要求，引测到现场。在工程施工区域设置测量控制网，包括控制基线、轴线和水平基准点，做好轴线控制的测量和校核。

控制网要避开建筑物、构筑物、土方机械操作及运输线路，并有保护标志；场地平整应设10m×10m或20m×20m方格网，在各方格角点上做控制桩，并测出各控制桩处的自然地形、标高，作为计算挖填土方量和施工控制的依据。对建筑物应做定位轴线的控制测量和校核，进行土方工程的测量定位放线，设置龙门板、基坑（槽）挖土灰线、上部边线、底部边线和水准标志。龙门板桩一般应离开坑缘1.5~2.0m，以利保存；灰线、标高、轴线应在复核无误后，方可进行场地整平和基坑开挖。

（九）修建临时设施及道路

根据土方和基础工程规模、工期长短、施工力量安排等修建简易的临时性生产和生活设施（如工具库、材料库、油库、机具库、修理棚、休息棚、茶炉棚等），同时敷设现场供水、供电、供压缩空气（爆破石方用）管线路，并进行试水、试电、试气。

修筑施工场地内机械运行的道路，主要临时运输道路宜结合永久性道路的布置修筑。行车路面按双车道，宽度不小于 7m，最大纵向坡度不大于 6%，最小转弯半径不小于 15m；路基底层可铺砌 20～30cm 厚的块石或卵（砾）石层做简易泥结石路面，尽量使一线多用；重车下坡行驶道路的坡度、转弯半径应符合安全要求，两侧做排水沟；道路通过沟渠处应设涵洞，道路与铁路、电信线路、电缆线路以及各种管线相交处，应按有关安全技术规定设置平交道和标志。

（十）准备机具、物资，组织人员

做好设备调配，对进场挖土、运输车辆及各种辅助设备进行维修检查、试运转，并运至使用地点就位；准备好施工用料及工程用料，按施工平面图要求堆放。

组织并配备土方工程施工所需各专业技术人员、管理人员和技术工人；组织安排好作业班次；制定较完善的技术岗位责任制和技术、质量、安全、管理网络；建立技术责任制和质量保证体系；对拟采用的土方工程新机具、新工艺、新技术，组织力量进行研制（究）和试验。

二、开挖的一般要求

（一）场地开挖

挖方边坡坡度应根据使用时间（临时性或永久性）、土的种类、物理力学性质（内摩擦角、黏聚力、密度、湿度）、水文情况等确定。对于永久性场地，挖方边坡坡度应按设计要求放坡。对使用时间较长的临时性挖方边坡坡度，应根据工程地质和边坡高度，结合当地实践经验确定。在山坡整体稳定的情况下，如地质条件良好、土质较均匀、高度在10m内的边坡坡度可按相应标准确定。对岩石边坡，根据其岩石类别和风化程度，确定边坡坡度。

（二）边坡开挖

（1）场地边坡开挖应采取沿等高线自上而下，分层、分段依次进行，在边坡上采取多台阶同时进行机械开挖时，上台阶应比下台阶多开挖进深不少于30m，以防塌方。

（2）边坡台阶开挖，应做成一定坡势，以利泄水。在边坡上采取多台阶同时进行开挖时，上台阶应比下台阶多开挖进深不少于30m，以防塌方。边坡下部设有护脚及排水沟时，应尽快处理台阶的反向排水坡，进行护脚矮墙和排水沟的砌筑和疏通，以保证坡脚不被冲刷和边坡稳定的范围内不积水，否则应采取临时性排水措施。

（3）对软土土坡或易风化的软质岩石边坡在边坡开挖后，应对坡面和坡脚采取喷浆、抹面、嵌补、护砌等保护措施，并做好坡顶、坡脚排水，避免在影响边坡稳定的范围内积水。

（三）浅基坑开挖

（1）开挖前，应根据工程结构形式、基坑深度、地质条件、周围环境、施工方法、施工工期和地面荷载等资料，确定基坑开挖方案和地下水控制施工方案。

（2）基坑边缘堆置土方和建筑材料，或沿挖方边缘移动运输工具和机械时，一般应距基坑上部边缘不少于 2m，堆置高度不应超过 1.5m。在垂直的坑壁边，此安全距离还应适当加大。软土地区不宜在基坑边堆置弃土。

（3）基坑周围地面应进行防水、排水处理，严防雨水等地面水侵入基坑周边土体。

（4）基坑开挖完成后，应及时清底、验槽，减少暴露时间，防止暴晒和雨水浸刷破坏地基土的原状结构。

（四）浅基坑、槽和管沟开挖

（1）基坑开挖，上部应有排水措施，防止地表水流入基坑内冲刷边坡，造成塌方和破坏。

基坑开挖，应进行测量定位、抄平放线，定出开挖宽度，根据土质和水文情况确定在四侧或两侧、直立或放坡开挖，坑底宽度应注意预留施工操作面。

（2）施工中应根据开挖深度、土体类别及工程性质等综合因素确定保持坑壁稳定的方法和措施。

（3）基坑开挖的一般程序：测量放线→切线分层开挖→排降水→修坡→整平→留足预留土层等。相邻基坑开挖时应遵循先深后浅或同时进行的施工程序，挖土应自上而下水平分段、分层进行，边挖边检查坑底宽度及坡度，每 3m 左右修一次坡，挖至设计标高再统一进行一次修坡清底。

（4）基坑开挖应防止对基础持力层的扰动。基坑挖好后不能立即进入下道工序时，应预留 15（人工）～30cm（机械）厚一层土不挖，待下道工序开始前再挖至设计标高，以防止持力层土壤被阳光暴晒或雨水浸泡。超挖和被雨水浸泡这两种情况都是基坑土方施工要避免出现的。

（5）在地下水位以下挖土，应在基坑内设置排水沟、集水井或其他施工降水措施，降水工作应持续到基础施工完成。

（6）雨季施工时基坑槽应分段开挖，挖好一段浇筑一段垫层。

（7）弃土应及时运出，在基坑槽边缘上侧临时堆土、放置材料或移动施工机械时，应与基坑上边缘保持 1m 以上的距离，以保证坑壁或边坡的稳定。

（8）基坑挖完后，应组织有业主、设计、勘察、监理四方参与的基坑验槽，并报质监站验证，符合要求后方可进入下一道工序。

三、土方开挖和支撑施工的注意事项

（1）大型挖土及降低地下水位时，应经常注意观察附近已有建筑或构筑物、道路、管线有无下沉和变形。如有下沉和变形，应与设计和建设单位研究采取防护措施。

（2）土方开挖中如发现文物或古墓，应立即妥善保护并及时报请当地有关部门来现场处理，待妥善处理后，方可继续施工。

（3）挖掘发现地下管线（管道、电缆、通信）等应及时通知有关部门来处理；如发现测量用的永久性标桩或地质、地震部门设置的观测孔等亦应加以保护；如施工必须毁坏时，亦应事先取得原设置或保管单位的书面同意。

（4）对于支撑应挖一层支撑好一层，并严密顶紧、支撑牢固，严禁

一次将土挖好后再支撑。

（5）挡土板或柱桩与坑壁间的填土要分层回填夯实，使之紧密接触。

（6）埋深的拉锚需用挖沟方式埋设，沟槽尽可能小，不得采取将土方全部挖开，埋设拉锚后再回填的方式，否则会使土体固结状态遭受破坏。拉锚安装后要预拉紧，预紧力不小于设计计算值的 5%～10%，每根拉锚松紧程度应一致。

（7）施工中应根据挖方深度、边坡高度和土的类别确定挖方上边缘至堆土坡脚的距离，当土质干燥密实时不小于 3m，当土质松软时不小于 5m。

（8）施工中应经常检查支撑和观测邻近建筑物的情况，如发现支撑有松动、变形、位移等情况，应及时加固或更换。加固办法可打紧受力较小部分的木楔或增加立柱及横撑等。如换支撑时，应先加新支撑后拆旧支撑。

（9）钢（木）支撑的拆除应按回填顺序依次进行、多层支撑应自下而上逐层拆除，拆除一层，经回填夯实后，再拆上一层。拆除支撑时，应注意防止附近建筑物或构筑物产生下沉和破坏，必要时采取加固措施。

（10）施工中对可能产生滑坡的地段，不宜在雨期挖方，并应遵循先整治后开挖和由上至下的开挖顺序，严禁先切除坡脚或在滑坡体上弃土。

（11）边坡有危岩、孤石、崩塌体等不稳定的迹象时要先做妥善处理。对软土土坡和极易风化的软质岩石边坡，开挖后应对坡脚、坡面采取喷浆、抹面、嵌补、砌石等保护措施，并做好坡顶、坡脚排水。

第五节　土方填压

一、填压对涂料的要求

填方土料应符合设计要求，保证填方的强度与稳定性，选择的填料应为强度高、压缩性小、水稳定性好，便于施工的土、石料。如设计无要求时，应符合下列规定：

（1）不同土类应分别经过击实试验测定填料的最大干密度和最佳含水量，填料含水量与最佳含水量的偏差控制在±2%范围内。

（2）草皮土和有机质含量大于8%土不应用于有压实要求的回填区域。

（3）淤泥和淤泥质土不宜作为填料。但在软土后沼泽地区，经过处理含水量符合压实要求后，可用于回填次要部位或无压实要求的区域。

（4）碎石类土或爆破石渣，可用于表层以下的回填。常用的施工方法为碾压法或强夯法。采用分层碾压时，其最大粒径不得超过每层厚度的3/4；采用强夯法施工时，最大粒径应根据夯击能量大小和施工条件通过试验确定，一般不宜大于1m。

（5）两种透水性不同的填料在分层填筑时，上层宜填透水性较小的填料。填土应严格控制含水量，施工前应进行检验。当土的含水量过大，应采用翻松、晾晒、风干等方法降低含水量，或采用换土回填、均匀掺入干土或其他吸水材料、打石灰桩等措施；如含水量偏低，则可预先洒水湿润，否则难以压实。

　　填方应尽量采用同类土填筑。当采用透水性不同的土料时，不得掺杂乱倒，应分层填筑，并将透水性较小的土料填在上层，以免填方内形成水囊或浸泡基础。

　　填方施工宜采用水平分层填土、分层压实，每层铺填的厚度应根据土的种类及使用的压实机械而定。当填方位于倾斜的地面时，应先将斜坡挖成阶梯状，然后分层填筑，以防填土横向移动。

二、填土、压实的方法

（一）填土的方法

　　填土可采用人工填土和机械填土。

　　人工填土一般用手推车运土，人工用锹、耙、锄等工具进行填筑，从最低部分开始由一端向高处自下而上分层铺填。

　　机械填土可用推土机、铲运机或自卸汽车进行。用自卸汽车填土，需用推土机推开推平，采用机械填土时，可利用行驶的机械进行部分压实工作。填土必须分层进行，并逐层压实。机械填土不得居高临下、不分层次、一次倾倒填筑。当采用分层回填时，应在下层的压实系数经试验合格后，才能进行上层施工。

　　施工中应防止出现翻浆或弹簧土现象，特别是雨期施工时，应集中力量分段回填碾压，还应加强临时排水设施，回填面应保持一定的流水坡度，避免积水对于局部翻浆或弹簧土，可以采用换填或翻松晾晒等方法处理。在地下水位较高的区域施工时，应设置盲沟疏干地下水。

（二）压实的方法

　　平整场地等大面积填土多采用碾压法，小面积的填土工程多用夯实法，而压实法主要用于非黏性土的密实。

1. 理压法

碾压法是利用机械滚轮的压力压实土壤，适用于大面积填土压实工程。碾压机械有平碾、羊足碾及各种压路机等。压路机是一种以内燃机为动力的自行式碾压机械，重量 6～15t，分为钢轮式和胶轮式。平碾、羊足碾一般都没有动力，靠拖拉机牵引。羊足碾虽与填土接触面积小，但压强大，对黏性土压实效果好，但不适于碾压砂土。

碾压时，应先用轻碾压实，再用重碾压实会取得较好效果。碾压机械行驶速度不宜过快。一般平碾不应超过 2km/h；羊足碾不应超过 3km/h。

2. 夯实法

夯实法是利用夯锤自由下落的冲击力来夯实土壤，主要用于小面积回填土。夯实法分机械夯实和人工夯实两种。人工夯实所用的工具有木夯、石夯等；常用的夯实机械有夯锤、内燃夯土机、电动冲击夯和蛙式打夯机等。

3. 振动压实法

振动压实法是将振动压实机放在土层表面，借助振动机构使压实机振动，土颗粒发生相对位移而达到紧密状态。振动压路机是一种振动和碾压同时作用的高效能压实机械，比一般压路机提高功效 1～2 倍，可节省动力 30%。这种方法适于填料为爆破石渣、碎石类土、杂填土和粉土等非黏性土的密实。

第六节　土方工程施工中问题的应对措施

一、冲沟的处理

冲沟多因暴雨冲刷、剥蚀坡面形成，先在低洼处蚀成小穴，逐渐扩大成浅沟，以后进一步冲刷，就成为冲沟，在黄土地区常大量出现，有的深达 5~6m，表层土松散。一般处理方法是：对边坡上不深的冲沟，可用好土或 3 : 7 灰土逐层回填夯实，或用浆砌块石填砌至坡面一平，并在坡顶做排水沟及反水坡，以阻截地表雨水冲刷坡面；对地面冲沟用土分层夯填，因其土质结构松散、承载力低，可采取加宽基础的处理方法。

二、土洞的处理

在黄土层或岩溶地层，由于地表水的冲蚀或地下水的潜蚀作用形成的土洞、落水洞往往十分显著，常成为排泄地表径流的暗道，影响边坡或场地的稳定，必须进行处理，避免继续扩大造成边坡塌方或地基塌陷。

处理方法是：将土洞上部挖开，清除软土，分层回填好土（灰土或砂卵石）并夯实，面层用黏土夯填并使之比周围地表高些，同时做好地表水的截流，将地表径流引到附近排水沟中，不使下渗；对地下水可采用截流改道的办法，如用作地基的深埋土洞，宜用砂、砾石、片石或贫混凝土填灌密实，或用灌浆挤压法加固；对地下水形成的土洞和陷穴，除先挖除软土抛填块石外，还应做反滤层，面层用黏土夯实。

三、古河道、古湖泊的处理

根据成因，有年代久远、经过长期降水及自然沉实，土质较为均匀、密实，含水率在20%左右，含杂质较少的古河道、古湖泊；有年代近的土质结构均较松散，含水量较大，含较多碎块、有机物的古河道和古湖泊。这些都是在天然地貌低洼处由于长期积水、泥沙沉积而形成的，其土层由黏性土、细砂、粗砂、卵石和角砾构成。

对年代久远的古河道、古湖泊，已被密实的沉积物填满，底部尚有砂卵石层，一般土的含水率小于20%且没有被水冲蚀的可能性，土的承载力不低于相接天然土的可不处理。对年代近的古河道、古湖泊，土质较均匀，含有少量杂质，含水率大于20%，如沉积物填充密实，承载力不低于同一地区的天然土，亦可不处理：如为松软、含水量大的土，应挖除后用好土分层夯实，或采取地基加固措施；用作地基部位的，应用灰土分层夯实，与河、湖边坡接触部位做成阶梯形接槎，阶宽不小于1m，接槎处应仔细夯实，回填应按先深后浅的顺序进行。

四、橡皮土的处理

当地基为黏性土且含水量很大，趋于饱和时，夯（拍）打后，地基土变成踩上去有一种颤动感觉的土，称为"橡皮土"。

橡皮土的处理方法如下：

（1）暂停一段时间施工，避免再直接拍打，使橡皮土含水量逐渐降低，或将土层翻起进行晾槽；

（2）如地基已成橡皮土，可采取在上面铺一层碎石或碎砖后进行夯击，将表土层挤紧；

（3）对橡皮土较严重的，可将土层翻起并粉碎均匀，掺加石灰粉以吸收水分水化，同时改变原土结构成为灰土，使之具有一定强度和水稳性；

（4）对于荷载大的房屋地基，可采取打石桩的方法，将毛石（块度为 20~30cm）依次打入土中，或垂直打入 M10 机砖，纵距 26cm，横距 30cm，直至打不下去为止，最后在上面满铺厚 50mm 的碎石后再夯实；

（5）挖去橡皮土，再重新填好土或级配砂石夯实。

五、流砂的处理

在细砂或粉砂土层的基坑开挖时，地下水位以下的土在动水压力的推动下极易失去稳定性，随着地下水涌入基坑，称为流砂现象。流砂发生后，土完全丧失承载力，土体边挖边冒，施工条件极端恶化，基坑难以达到设计深度。

发生流砂时，土完全失去承载力，不但使施工条件恶化，而且流砂严重时，会引起基础边坡塌方，附近建筑物会因地基被掏空而下沉、倾斜甚至倒塌。

（一）流砂形成原因

（1）当坑外水位高于坑内抽水后的水位，坑外水压向坑内流动的动水压等于或大于颗粒的浸水密度，使土粒悬浮失去稳定性变成流动状态，随水从坑底或四周涌入坑内，如施工时采取强挖，抽水越深，动水压就越大，流砂就越严重。

（2）由于土颗粒周围附着亲水胶体颗粒，饱和时胶体颗粒吸水膨胀，使土粒密度减小，因而在不大的水冲力下能悬浮流动。

（3）饱和砂土在振动作用下，结构被破坏，使土颗粒悬浮于水中并随水流动。

总之，当土的孔隙比和含水量偏大的时候及黏粒含量少、粉粒含量多、渗透系数小、排水性能差的时候容易产生流砂现象，流砂现象极易发生在细砂、粉砂和亚黏土中。

（二）流砂处理方法

1. 防治原则

"治流砂必先治水"。流砂防治的主要途径：一是减小或平衡动水压力；二是截住地下水流；三是改变动水压力的方向。

2. 防治方法

（1）枯水期施工法：枯水期地下水位较低，基坑内外水位差小，动水压力小，不易产生流砂。

（2）打板桩：将板桩沿基坑打入不透水层或打入坑底面一定深度，可以截住水流或增加渗流长度、改变动水压力方向，从而达到减小动水压力的目的。

（3）水中挖土：即不排水施工，使坑内外的水压相平衡，不致形成动水压力。如沉井施工，不排水下沉，进行水中挖土、水下浇筑混凝土。

（4）人工降低地下水位法：即采用井点降水法截住水流，不让地下水流入基坑，不仅可防治流砂和土壁塌方，还可改善施工条件。

（5）抢挖并抛大石块法：分段抢挖土方，使挖土速度超过冒砂速度，在挖至标高后立即铺竹或芦席，并抛大石块，以平衡动水压力，将流砂压住。此法适用于治理局部的或轻微的流砂。

此外，采用地下连续墙法、止水帷幕法、压密注浆法、土壤冻结法等，都可以阻止地下水流入基坑，防止流砂发生。

第四章　道路工程

第一节　沥青路面工程施工

一、沥青材料概述

我国公路建设迅猛发展，高等级公路比例逐年增加。在高等级公路中约有 80% 是沥青路面。沥青材料是修筑沥青路面的结合料，沥青的性质、沥青的质量、沥青的选用直接关乎沥青路面的性质与使用寿命。

(一) 沥青的定义

沥青是指暗褐色至黑色的、可溶于苯或二硫化碳等溶剂的固体或半固体有机物质，可以是自然界天然存在的，也可以是石油、煤等原料经加工得到的残渣或黏稠物。主要由非烃类和烃类有机化合物组成。

(二) 沥青的种类

沥青按其获得方式可分为地沥青和焦油沥青两大类。

1. 地沥青

地沥青是天然产状或石油经人工提炼而得到的沥青材料。按其产源又可分为天然沥青和石油沥青。

（1）天然沥青是地壳中的石油，在各种自然因素的作用下，经过轻质油分蒸发、氧化和缩聚等作用而形成的天然产物。

（2）石油沥青是石油经过各种炼制工艺加工而得到的产品。

2. 焦油沥青

焦油沥青是各种有机物干馏加工所得的焦油，经再加工而得到的。焦油沥青按其加工的有机物的不同而命名，如由煤干馏所得到的焦油，经再加工后得到沥青，称为煤沥青，其他还有"木沥青""页岩沥青"等。

（三）石油沥青的品种、组成与结构

1. 石油沥青的品种

按原油成分分为石蜡基沥青、沥青基沥青和中间基沥青3种。

（1）石蜡基沥青是由含大量烷属烃成分的石蜡基原油提炼制得的，其含蜡量一般大于5%。由于其含蜡量较高，其黏性和温度稳定性将受到影响，故这种沥青的软化点高，针入度小，延度低，但抗老化性能较好。

（2）沥青基沥青（环烷基沥青）是由沥青基原油提炼制得的。其含蜡量一般少于2%，含有较多的脂环烃，故其黏性高，延伸性好。

（3）中间基沥青（混合基沥青）是由含蜡量介于石蜡基和沥青基石油之间的原油提炼制得的。其含蜡量在2%~5%。

按加工方法不同，石油可炼制成如慢凝液体沥青、快凝液体沥青、调和沥青、乳化沥青、混合沥青等。

原油经过常压蒸馏、减压蒸馏后分别得到常压渣油、减压渣油。这些渣油属于低标号慢凝液体沥青。

以慢凝液体沥青为原料，采用不同的工艺方法得到黏稠沥青。如渣油再经过减压蒸馏工艺，进一步深拔出各种重质油品，得到不同稠度的直馏沥青；渣油经不同深度的氧化后，得到不同稠度的氧化沥青或半氧化沥青；渣油经不同程度地脱出沥青油，得到不同稠度的溶剂沥青。除轻度蒸馏和轻度氧化的沥青属于高标号慢凝沥青外，这些沥青都属于黏稠沥青。从工程应用角度考虑，希望沥青在常温条件下具有较大施工流动性，施工完成后短时间内能凝固且具有较高黏结性。所以常在黏稠沥青中掺加煤油或汽油等挥发速度较快的溶剂，这种用快速挥发溶剂作稀释剂的沥青，称为中凝液体沥青或快凝液体沥青。同时硬沥青与软沥青可以以适当比例调配，调成不同稠度的沥青，称为调和沥青。

2. 石油沥青的元素组成

沥青是由多种复杂的碳氢化合物及其氧、硫、氮等非金属衍生物所组成的混合物，其主要组成元素为碳、氢、氧、硫和氮 5 种元素。通常，石油沥青的碳含量为 80%~87%，氢含量为 10%~15%，氧、硫和氮的含量小于 3%。

许多沥青材料的元素组成虽然十分相似，但由于沥青材料的组成结构极其复杂，而且高分子材料具有同分异构的特征，其性质往往有较大的差别。因此，还无法建立起沥青的化学元素的含量与其性能之间的直接的相关关系，其化学元素组成仅能用于概略了解沥青的组成和性质。要了解沥青组成与性能的关系，必须进一步了解沥青的化学组分和化学结构。

3. 石油沥青的化学组分

沥青材料是由多种无机化合物组成的复杂混合物，由于它的结构复杂,将其分离为纯粹的化合物单体,在技术上还存在困难。因此,许多研究者就致力于沥青"化学组分"分析的研究。化学组分分析就是将沥青分离为化学性质相近且与其路用性质有一定联系的几个组,这些组就称为"组分"。

(四) 石油沥青的技术性质

1. 沥青的黏滞性

(1) 黏度的定义

黏度是流体抵抗流动的能力。沥青的黏滞性(简称黏性)是沥青在外力作用下抵抗剪切变形的能力。沥青的黏性通常用黏度表示,是道路沥青材料路用性能的一项非常重要的指标。沥青的黏度分为标准黏度、动力黏度、运动黏度等。沥青60℃时的动力黏度(也称为绝对黏度或简称黏度),通常用来评价道路石油沥青和改性沥青材料的高温路用性能。

(2) 沥青黏度的测定方法

沥青黏度的测定方法可分为两类,一类为"绝对黏度"法,另一类为"相对黏度"(或称"条件黏度")法。

2. 沥青的延性和脆性

(1) 沥青的延性是指当其受到外力的拉伸作用时,所能承受的塑性变形的总能力,通常是用延度作为条件延性指标来表征。延度试验方法是,将沥青试样制成8字形标准试件(最小断面$1cm^2$),在规定拉伸速度和规定温度下拉断时的长度(以 cm 计)称为延度。沥青的延度采用延度仪来测定。

沥青的延度与沥青的流变特性、胶体结构和化学组分等有密切的关系。研究表明：沥青的复合流动系数值的减小，胶体结构发育成熟度的提高，含蜡量的增加以及饱和蜡和芳香蜡的比例增大等，都会使沥青的延度值相对降低。以上所论及的针入度、软化点和延度是评价黏稠石油沥青路用性能最常用的经验指标，所以通称沥青"三大指标"。

（2）沥青材料在低温时，受到瞬间荷载时，它常表现为脆性破坏。沥青脆性的测定极为复杂，通常采用弗拉斯脆点作为衡量抗低温能力的条件脆性指标。脆点试验的方法是，将沥青试样 0.4g 在一个标准的金属薄片上摊成薄层，涂有沥青薄膜的金属片置于有冷却设备的脆点仪内，摇动脆点仪的曲柄，能使涂有沥青薄膜的金属片产生弯曲。随着冷却设备中制冷剂温度以 1℃/min 的速度降低，沥青薄膜的温度亦逐渐降低，当降至某一温度时，沥青薄膜在规定弯曲条件下产生断裂时的温度，即为沥青的脆点。

3. 沥青的感温性

沥青材料的温度感应性与沥青路面的施工（如拌和、摊铺、碾压）和使用性能（如高温稳定性和低温抗裂性）都有密切关系，所以它是评价沥青技术性质的一个重要指标。沥青的感温性采用"黏度"随"温度"而变化的行为（黏–温关系）来表达，目前最常用的方法是针入度指数法。

4. 耐久性

采用现代技术修筑的高等级沥青路面，都要求具有很长的耐用周期，因此对沥青材料的耐久性，亦提出更高的要求。

（1）影响因素

沥青在路面施工时，需要在空气介质中进行加热。路面建成后，长期裸露在现代工业环境中，经受日照、降水、气温变化等自然因素的作用。因此，影响沥青耐久性的因素，主要有：大气（氧）、日照（光）、温度（热）、雨雪（水）、环境（氧化剂）以及交通（应力）等因素。

①热的影响。热能加速沥青分子的运动，除了引起沥青的蒸发外，还能促进沥青化学反应的加速，最终导致沥青技术性能降低。尤其是在施工加热（160~180℃）时，由于有空气中的氧参与共同作用，沥青性质产生严重的劣化。

②氧的影响。空气中的氧，在加热的条件下，能促使沥青组分对其吸收，并产生脱氢作用，使沥青的组分发生移行（如芳香分转变为胶质，胶质转变为沥青质）。

③光的影响。日光（特别是紫外线）对沥青照射后，能产生光化学反应，促使氧化速率加快而引起沥青老化。

④水的影响。水在与光、氧和热共同作用时，能起催化剂的作用。

综上所述，沥青在多种因素的综合作用下，产生"不可逆"的化学变化，导致路用性能的逐渐劣化，这种变化过程称为"老化"。

（2）评价方法

由于路面施工加热导致沥青性能变化的评价，我国现行规定要求：对中轻交通量道路用石油沥青，应进行蒸发损失试验；对重交通量道路用石油沥青进行薄膜加热试验；对液体沥青，则应进行蒸馏试验。

（五）石油沥青的技术标准

现行《公路沥青路面施工技术规范》（JTG F40-2004）中，将原来的"重交通道路石油沥青"和"中、轻交通道路石油沥青"两个技术要求合并为"道路石油沥青技术要求"，并根据当前的沥青使用和生产水平，按技术性能分为 A、B、C 共三个等级。道路石油沥青的质量应符合《公路沥青路面施工技术规范》（JTG F40-2004）的规定，技术要求如下：

A 级沥青：各个等级的公路，适用于任何场合和层次。

B 级沥青：①高速公路、一级公路沥青下面层及以下的层次，二级及二级以下公路的各个层次；②用作改性沥青、乳化沥青、改性乳化沥青、稀释沥青的基质沥青。

C 级沥青：三级及三级以下公路的各个层次。

二、沥青路面施工类型

（一）沥青表面处治路面施工

沥青表面处治路面是指用沥青和集料按层铺法或拌和法铺筑而成的厚度不大于 30mm 的一种薄层面层。由于处治层很薄，故一般不起提高强度的作用，其主要作用是抵抗行车的磨耗、增强防水性、提高平整度、改善路面的行车条件。沥青表面处治适用于三级及三级以下公路、城市道路的支路、县镇道路、各级公路的施工便道以及在旧沥青面层上加铺的罩面层或磨耗层。

沥青表面处治面层可采用道路石油沥青、煤沥青或乳化沥青作结合料。沥青用量根据气温、沥青标号、基层等情况确定。沥青表面处治路面施工方法有层铺法和拌和法两类。

1. 层铺法施工

层铺法是用分层洒布沥青、分层铺撒矿料和碾压的方法重复几次修筑成一定厚度的路面。其主要优点是施工工艺和设备简便，工效较高，施工进度快，造价较低；其缺点是路面成形期较长，需要经过一个炎热季节行车碾压反油期，路面才能成形。用这种方法修筑的沥青路面有沥青表面处治和沥青贯入式两种。层铺法宜选择在干燥和较热的季节施工，并在雨期前及日最高温度低于15℃到来以前半个月结束，使表面处治层通过开放交通压实，成形稳定。

层铺法施工时一般采用先油后料法，单层式沥青表面处治层的施工在清理基层后可按下列工序进行：施工准备→浇洒第一层沥青→撒布第一层集料→碾压。

2. 拌和法施工

拌和法的施工质量容易保证，且用油量少，路面成形快，并可适当延长施工季节。拌和法又分为路拌法和厂拌法两类。拌和法施工，在拌和时要严格控制油石比。厂拌法施工时装车温度不超过90℃，排铺温度不低于40℃，摊铺时要近锹翻料，不得远甩扬掷，整形时也不得使用齿耙，以防止粗细集料分离。碾压和初期养护同层铺法。

（二）沥青贯入式路面施工

沥青贯入式路面是在初步压实的碎石（或破碎砾石）上，分层浇洒沥青、撒布嵌缝料，或再在上部铺筑热拌沥青混合料封层，经压实而成的沥青面层。沥青贯入式路面具有较高的强度和稳定性，其强度主要以矿料的嵌挤为主，沥青的黏结力为辅而构成的。由于沥青贯入式路面是一种多空隙结构，所以为防止路表面水的浸入和增强路面的水稳定性，最上层应撒布封层料或加铺拌和层。乳化沥青贯入式路面铺筑在半刚性基层上时，应铺筑下封层。沥青贯入层作为连接层使用时，可不撒表面封层料。

沥青贯入式路面适用于三级及三级以下公路，也可作为沥青路面的连接层或基层。

沥青贯入式路面可选用黏稠石油沥青、煤沥青或乳化沥青做结合料。沥青贯入式路面集料应选用有棱角、嵌挤性好的坚硬石料，主层集料中粒径大于级配范围中值的颗粒含量不得少于50%。细粒料含量偏多时，嵌缝料宜用低限，反之用高限。主层集料最大粒径宜与沥青贯入层的厚度相同。当采用乳化沥青时，主层集料最大粒径可为厚度的 0.8 ~ 0.85 倍。

沥青贯入式路面应铺筑在已清扫干净并浇洒透层或黏层沥青的基层上，一般按以下工序进行：施工准备→撒布主层集料→碾压主层集料→浇洒第一层沥青→撒布第一层嵌缝料→碾压→浇洒第二层沥青→撒布第二层嵌缝料→碾压→浇洒第三层沥青→撒布封层料→终压。

（三）热拌沥青混凝土路面施工

1. 热拌沥青混合料类型

热拌沥青混合料适用于各种等级公路的沥青路面。选择沥青混合料类型应在综合考虑公路所在地区的自然条件、公路等级、沥青层位、路面性能要求、施工条件及工程投资等因素的基础上，确定沥青混合料的类型。对于双层式或三层式沥青混凝土路面，其中至少应有一层是Ⅰ型密级配沥青混凝土。多雨潮湿地区的高速公路和一级公路，上面层宜选用抗滑表层混合料；干燥地区的高速公路和一级公路，宜采用 I 型密级配沥青混合料做上面层。高速公路的硬路肩也宜用 I 型密级配沥青混合料作表层。

2. 热拌沥青混凝土路面施工工序

热拌沥青混合料路面采用厂拌法施工，集料和沥青均在拌和机内进行加热与拌和，并在热的状态下摊铺碾压成形。

施工按下列顺序进行：施工准备→沥青混合料拌和→沥青混合料运输→沥青混合料排铺→压实→接缝处理→开放交通。

（四）乳化沥青碎石混合料路面施工

乳化沥青与矿料在常温下拌和、压实后剩余孔隙率在 10% 以上的常温冷却混合料，称为乳化沥青碎石混合料。由这类沥青混合料铺筑而成的路面称为乳化沥青碎石混合料路面。

乳化沥青碎石混合料适用于三级及三级以下公路的路面、二级公路的罩面以及各级公路的整平层。乳化沥青的品种、规格、标号应根据混合料用途、气候条件、矿料类别等选用，混合料配合比可按经验确定。

乳化沥青碎石混合料路面施工工序为：混合料的制备→摊铺和碾压→摊铺和碾压→养护及开放交通。

三、沥青路面施工前的准备

沥青路面施工前的准备工作主要有确定料源及进场材料的质量检验、施工机器检查、铺筑试验路段等项工作。

（一）确定料源及进场材料的质量检验

对进场的沥青材料，应检验生产厂家所附的试验报告，检查装运数量、装运日期、订货数量、试验结果等，并对每批沥青进行抽样检测，试验中如有一项达不到规定要求，应加倍抽样试验，如仍不合格时，则退货并索赔。

（二）施工机械检查

施工前应对各种施工机具进行全面的检查。包括拌和与运输设备的检查；洒油车的油泵系统、洒油管道、量油表、保温设备等的检查；矿料撒铺车的传动和液压调整系统的检查，并事先进行试撒，以便确定撒铺每一种规格矿料时应控制的间隙和行驶速度；摊铺机的规格和机械性能的检查；压路机的规格、主要性能和滚筒表面的磨损情况的检查。

（三）铺筑试验路段

在沥青路面修筑前，应用计划使用的机械设备和混合料配合比铺筑试验路段，主要研究合适的拌和时间与温度，摊铺温度与速度，压实机械的合理组合压实温度和压实方法，松铺系数，合适的作业段长度等。并在沥青混合料压实 12h 后，按标准方法进行密实度、厚度的抽样检查。

四、沥青路面施工质量管理与检查

沥青路面施工质量控制的内容包括材料质量检验、铺筑试验路段、施工过程中的质量控制及交工验收阶段的质量检查。

（一）材料质量检验

沥青路面施工前应按规定对原材料的质量进行检验。在施工过程中逐班抽样检查时，对于沥青材料可根据实际情况只做针入度、软化点、延度的试验；检测粗集料的抗压强度、磨耗率、磨光值、压碎值、级配等指标和细集料的级配组成、含水量、含土量等指标；对于矿粉，应检验其相对密度和含水量并进行筛析。材料的质量以同一料源、同一次购入并运至生产现场为一"批"进行检查。

（二）铺筑试验路段

高速公路和一级公路在施工前应铺筑试验段，通过试拌试铺为大面积施工提供标准方法和质量检查标准。

（三）施工过程中的质量控制

在沥青路面施工过程中，施工单位应随时对施工质量进行抽检，工序间实行交接验收。施工过程中工程质量检查的内容、频度及质量标准应符合规定的要求。

（四）交工验收阶段的质量检查

检测项目有厚度、平整度、宽度、标高、横坡度等。对于沥青混凝土及沥青碎石路面除上述项目外还要检验压实度、弯沉；对于抗滑表层沥青混凝土，则还要检验构造深度、摩擦系数摆值或横向力系数。以上各检测项目具体测定频率和质量标准详见《公路沥青路面施工技术规范》JTGF 40-2004 的规定。

施工企业在质量保证期内，应进行路面使用情况观测、局部损坏的原因分析和维修保养等。质量保证的期限根据国家规定或招标文件等要求确定。

第二节　水泥混凝土路面施工

水泥混凝土路面（水泥混凝土，以下均简称为混凝土）是由混凝土面板、基层和垫层所组成的路面，混凝土板作为交通荷载的主要承受结构层，而板下的基层（底基层）和路基，起着支承的作用。混凝土路面具有刚度大、强度高、稳定性好、耐久性好、平整度和粗糙度好、养护维修费用低、运输成本低、抗滑性能好、夜间能见度好等优点。但混凝土路面同时也存在接缝较多、对超载较敏感、造价高、噪声大、铺筑后不能立即开放交通、养护修复困难等缺点。

混凝土路面根据对材料的要求及组成不同可分为：素混凝土路面（包括碾压混凝土）、钢筋混凝土路面、连续配筋混凝土路面、预应力混凝土路面、装配式混凝土路面、钢纤维混凝土路面和混凝土小块铺砌路面等。目前采用最广泛的是就地浇筑的素混凝土路面，简称混凝土路面。这种路面的混凝土面板只在接缝区和局部范围（如角隅和边缘）配置钢筋，其余部位均不配钢筋，本节主要介绍这种路面的施工。

混凝土路面板下常采用水泥稳定粒料或碾压式水泥混凝土等基层，或者具有足够刚度的老路面。在水温状况不良路段的路基与基层之间宜设置垫层，垫层应具有一定的强度和较好的水稳定性，在冰冻地区尚需具有较好的抗冻性。

一、施工材料

（一）材料要求

混凝土路面的原材料包括水泥、粗集料（碎石）、细集料（砂）、水、外加剂、接缝材料及局部使用的钢筋。因为面层受到动荷载的冲击、摩擦和反复弯曲作用，同时还受到温度和湿度反复变化的影响，因此，面层混合料必须具有较高的抗弯拉强度和抗磨性，良好的耐冻性以及尽可能低的膨胀系数和弹性模量，为了保证混凝土具有足够的强度、良好的抗磨耗、抗滑及耐久性能，应按规定选用质地坚硬、洁净、具有良好级配的粗集料（粒径大于 5mm），混凝土集料的最大粒径不应超过 40mm。

混凝土中粒径 0.15~5mm 范围的集料为细集料，细集料应尽可能采用天然砂，无天然砂时也可用人工砂。要求颗粒坚硬耐磨，具有良好的级配，表面粗糙，有棱角，清洁，有害杂质含量少。

用于清洗集料、混凝土拌和及养护用的水，不应含有影响混凝土质量的油、酸、碱、盐类及有机物等。

为了改善混凝土的技术性能，可在混凝土拌和过程中加入适宜的外加剂。常用的外加剂有流变剂（改善流变性能）、调凝剂（调节凝结时间）及引气剂（提高抗冻、抗渗、抗腐蚀性能）3 大类。

用于填塞混凝土路面板的各类接缝的接缝材料，按使用性能的不同，分为接缝板和填缝料两类。接缝板应能适应混凝土路面板的膨胀与收缩，施工时不变形，耐久性良好。填缝料应与混凝土路面板缝壁黏附力强、回弹性好，能适应混凝土路面的胀缩，不溶于水，高温不挤出，低温不脆裂，耐久性好。

用于混凝土路面的钢筋应符合设计规定的品种和规格要求，钢筋应顺直，无裂缝、断伤、刻痕及表面锈蚀和油污等。混凝土所用水应达到饮用水标准。

（二）材料配比

混凝土配合比，应保证混凝土的设计强度、耐磨、耐久和混凝土拌和物和易性的要求。在冰冻地区还应符合抗冻性的要求。混凝土配合比设计的主要工作是确定混凝土的水灰比、砂率及用水量等组成参数。应满足以下要求：

（1）混凝土试配强度应比设计强度提高 10%~15%；

（2）混凝土水灰比一般在 0.46 左右，最大不超过 0.5；

（3）每立方米混凝土水泥用量不小于 300kg，一般为 300~350kg/m³，碎石集料一般为 150~170kg/m³，砾石集料一般为 140~160kg/m³；

（4）混凝土应按碎（砾）石和砂的用量、种类、规格等确定。

二、施工方式

（一）轨模式摊铺机施工

轨模式摊铺机施工是由支撑在平底型轨道上的摊铺机将混凝土拌和物摊铺在基层上，摊铺机的轨道与模板连在一起，安装时同步进行。

1. 拌和与运输

拌和质量是保证水泥混凝土路面的平整度和密实度的关键，而混凝土各组成材料的技术指标和配合比计算的准确性是保证混凝土拌和质量的关键。在运输过程中，为了保证混凝土的工作性，应考虑蒸发水和水化失水，以及因运输颠簸和振动使混凝土发生离析等。

拌和物运到摊铺现场后，倾卸于摊铺机的卸料机内，卸料机械有侧向卸料机和纵向卸料机两种。侧向卸料机在路面铺筑范围外操作，自卸汽车不进入路面铺筑范围，因此要有可供卸料机和汽车行驶的通道；纵向卸料机在路面铺筑范围内操作，由自卸汽车后退卸料，因此在基层上不能预先安放传力杆及其支架。

2. 铺筑与振捣

（1）轨模安装

轨道式摊铺机施工的整套机械是在轨道上移动前进，并以轨道为基准控制路面表面高程。由于轨道和模板同步安装，统一调整定位，因此将轨道固定在模板上，既可作为水泥混凝土路面的侧模，也是每节轨道的固定基座。轨道的高程控制、铺轨的平直、接头的平顺，将直接影响路面的质量和行驶性能

（2）摊铺

摊铺是将倾卸在基层上或摊铺机箱内的混凝土按摊铺厚度均匀地充满模板范围内。摊铺机械有刮板式、箱式和螺旋式 3 种。刮板式摊铺机本身能在模板上自由地前后移动，在前面的导管上左右移动。由于刮板自身也要旋转，可以将卸在基层上的混凝土堆向任意方向摊铺。

箱式摊铺机是混凝土通过卸料机卸在钢制箱子内。箱子在机械前进行驶时横向移动，同时箱子的下端按松散厚度刮平混凝土。螺旋式摊铺

机是用正反方向旋转的旋转杆（直径约 50cm）将混凝土摊开，螺旋后面有刮板，可以准确地调整高度。

（3）振捣

水泥混凝土摊铺后，就应进行振捣。振捣可采用振捣机或插入式振捣器进行混凝土振捣机是跟在摊铺机后面，对混凝土拌和物进行再次整平和捣实的机械。插入式振捣器主要是对路面板的边部进行振捣，以达到应有的密实性和均匀性。

3. 表面修整

捣实后的混凝土要进行平整、精光、纹理制作等工序，使竣工后的混凝土路面具有良好的路用性能。精光工序是对混凝土表面进行最后的精细修整，使混凝土表面更加致密、平整、美观。

纹理制作是提高高等级公路水泥混凝土路面行车安全的抗滑措施之一。水泥混凝土路面的纹理制作可分为两类：一类是在施工时，水泥混凝土处于塑性状态（即初凝前），或强度很低时采取的处理措施，如拉毛（槽）、压纹（槽）、嵌石等施工工艺；另一类是水泥混凝土完全凝结硬化后，或使用过程中所采取的措施，如在混凝土面层上用切槽机切出深 5~6mm、宽 3mm、间距为 20mm 的横向防滑槽等施工工艺。

4. 接缝施工

混凝土面层是由一定厚度的混凝土板组成，具有热胀冷缩的性质，混凝土板会产生不同程度的膨胀和收缩，这些变形会受到板与基础之间的摩阻力和黏结力，以及摊铺机施工板的自重和车轮荷载的约束，致使板内产生过大的应力，造成板的断裂或拱胀等破坏。为了避免这些缺陷，混凝土路面必须在纵横两个方向建造许多接缝，把整个路面分割成许多板块。

（1）横向接缝

横向接缝是垂直于行车方向的接缝，有胀缝、缩缝和施工缝3种。

①胀缝。胀缝是保证板体在温度升高时能部分伸张，从而避免产生路面板在热天的拱胀和折断破坏的接缝。胀缝与混凝土路面中心线垂直，缝壁垂直于板面，宽度均匀一致，相邻板的胀缝应设在同一横断面上。

胀缝的施工分浇筑混凝土完成时设置和施工过程中设置两种。浇筑完成时设置胀缝适用于混凝土板不能连续浇筑的情况，施工时，传力杆长度的一半穿过端部挡板，固定于外侧定位模板中，混凝土浇筑前先检查传力杆位置，浇筑时应先摊铺下层混凝土，用插入式振捣器振实，并校正传力杆位置后，再浇筑上层混凝土；浇筑邻板时，应拆除顶头木模，并设置下部胀缝板、木制嵌条和传力杆套筒。施工过程中设置胀缝适用于混凝土板连续浇筑的情况，施工时，应预先设置好胀缝板和传力杆支架，并预留好滑动空间，为保证胀缝施工的平整度和施工的连续性，胀缝板以上的混凝土硬化后用切缝机按胀缝板的宽度切两条线，待填缝时，将胀缝板上的混凝土凿去。

②缩缝。缩缝是保证板因温度和湿度的降低而收缩时沿该薄弱断面缩裂，从而避免产生不规则裂缝的横向接缝。缩缝一般采用假缝形式，即只在板的上部设缝隙，当板收缩时将沿此薄弱断面有规则地自行断裂。

由于缩缝缝隙下面板断裂面凸凹不平，能起到一定的传荷作用，一般不需设传力杆，但对交通繁重或地基水文条件不良的路段，也应在板厚中央设置传力杆。横向缩缝的施工方法有压缝法和切缝法两种。压缝法在混凝土捣实整平后，利用振动梁将"T"形振动压缝刀准确地按接缝位置振出一条槽，然后将铁制或木制嵌缝条放入，并用原浆修平槽边，待混凝土初凝前泌水后取出嵌条，形成缝槽。切缝法是在凝结硬化后的混凝土中，用锯缝机锯割出要求深度的槽口。

③施工缝。施工缝是由于混凝土不能连续浇筑而中断时设置的横向接缝。施工缝应尽量设在胀缝处，如不可能，也应设在缩缝处，多车道施工缝应避免设在同一横断面上。

（2）纵向接缝

纵缝是指平行于混凝土行车方向的接缝。纵缝一般按3~4.5m设置。纵向假缝施工应预先将拉杆采用门形式固定在基层上，或用拉杆旋转机在施工时置入，假缝顶面缝槽用锯缝机切成，深为6~7cm，使混凝土在收缩时能从此缝向下规则开裂，防止因锯缝深度不足而引起不规则裂缝。纵向平头缝施工时应根据设计要求的间距，预先在横板上制作拉杆置放孔，并在缝壁一侧涂刷隔离剂，顶面用锯缝机切成深度为3~4cm的缝槽，用填料填满。纵向企口缝施工时应在模板内侧做成凸榫状，拆模后，混凝土板侧面即形成凹槽，需设置拉杆时，模板在相应位置处钻圆孔，以便拉杆穿入。

（3）接缝填封

混凝土板养生期满后应及时填封接缝。填缝前，首先将缝隙内泥砂清除干净并保持干燥，然后浇灌填缝料。填缝料的灌注高度，夏天应与板面齐平，冬天宜稍低于板面。

（二）滑模式摊铺机施工

水泥混凝土滑模施工的特征是不架设边缘固定模板，将布料、松方控制、高频振捣棒组、挤压成形滑动模板、拉杆插入、抹面等机构安装在一台可自行的机械上，通过基准线控制，能够一遍摊铺出密实度高、动态平整度优良、外观几何形状准确的水泥混凝土路面。滑模式摊铺机是不需要轨道，整个摊铺机的机架支承在四个液压缸上，可以通过控制机械上下移动，以调整摊铺机铺层厚度，并在摊铺机的两侧设置有随机移动的固定滑模板。滑模式摊铺机一次通过就可以完成摊铺、振捣、整平等多道工序。

1. 基准线设置

滑模摊铺水泥混凝土路面的施工基准设置有基准线、滑靴、多轮移动支架和搬动方铝管等多种方式。滑模摊铺水泥混凝土路面的施工基准线设置，宜采用基准线方式。基准线设置形式视施工需要可采用单向坡双线式、单向坡单线式和双向坡双线式。单向坡双线式基准线的两根基准线间的横坡应与路面一致；单向坡单线式基准线必须在另一侧具备适宜的基准，路面横向连接摊铺，其横坡应与已铺路面一致；双向坡双线式基准线的两根基准线直线段应平行，且间距相等，并对应路面高程，路拱靠滑模摊铺机调整自动铺成。

2. 混凝土搅拌、运输

混凝土的最短搅拌时间，应根据拌和物的黏聚性（熟化度）、均质性及强度稳定性由试拌确定，一般情况下，单立轴式搅拌机总拌和时间宜为 80~120s；双卧轴式搅拌机总搅拌时间宜为 60~90s，上述两种搅拌机原材料到齐后的纯拌和最短时间分别不短于 30s、35s，连续式搅拌楼的最短搅拌时间不得短于 40s，最长搅拌时间不宜超过高限值的 2 倍。混凝土的运输应根据施工进度、运量、运距及路况来配备车型和车辆总数，其总运力应比总拌和能力略有富余。

3. 滑模摊铺

（1）滑模摊铺前，应检查板厚；检查辅助施工设备机具；检查基层；横向连接摊铺检查。

（2）滑模摊铺机的施工要领：

①机手操作滑模摊铺机应缓慢、均速、连续不间断地摊铺。

②摊铺中，机手应随时调整松方高度控制板进料位置，开始应略设高些，以保证进料。正常状态下应保持振捣仓内砂浆料位高于振捣棒10cm左右，料位高低上下波动控制在±4cm之内。

③滑模摊铺机以正常摊铺速度施工时，振捣频率可在6000~11000r/min之间调整，宜采用9000r/min左右。应防止混凝土过振、漏振、欠振。当混凝土偏稀时，应适当降低振捣频率，加快摊铺速度，但最快不得超过3m/min，最小振捣频率不得小于6000r/min；当新拌混凝土偏干时，应提高振捣频率，但最大不得大于11000r/min，并减慢摊铺速度，最小摊铺速度应控制在0.5~1m/min；滑模摊铺机起步时，应先开启振捣棒振捣2~3min，再推进，滑模摊铺机脱离混凝土后，应立即关闭振捣棒。

④滑模摊铺纵坡较大的路面，上坡时，挤压底板前仰角应适当调小。同时适当调小抹平板压力；下坡时，前仰角应适当调大，抹平板压力也应调大。抹平板合适的压力应为板底3/4长度接触路面抹面。

⑤滑模摊铺弯道和渐变段路面时，单向横坡，使滑模摊铺机跟线摊

铺，应随时观察并调整抹平板内外侧的抹面距离，防止压垮边缘。摊铺中央路拱时，计算机控制条件下，输入弯道和渐变段边缘及路拱中几何参数，计算机自动控制生成路拱；手控条件下，机手应根据路拱消失和生成几何位置，在给定路段范围内分级逐渐消除或调成设计路拱。

⑥摊铺单车道路面，应视路面的设计要求配置一侧或双侧打纵缝拉杆的机械装置。侧向拉杆装置的正确插入位置应在挤压底板的中下或偏后部。拉杆打入有手推、液压、气压等几种方式，压力应满足一次打（推）到位的要求，不允许多次打入。

⑦机手应随时密切观察所摊铺的路面效果，注意调整和控制摊铺速度，振捣频率，夯实杆、振动搓平梁和抹平板位置、速度和频率。

参考文献

[1] 马保国．建筑功能材料[M]．武汉:武汉理工大学出版社,2004.

[2] 范文昭．建筑材料[M].3版.北京:中国建筑工业出版社,2013.

[3] 全国建筑卫生陶瓷标准化技术委员会,中国标准出版社．建筑卫生陶瓷标准汇编[M].北京:中国标准出版社,2006.

[4] 张光磊．新型建筑材料[M].北京:中国电力出版社,2008.

[5] 王福川,韩少华.土木工程材料[M].北京:中国建材工业出版社,2001.

[6] 张耀春．钢结构设计原理[M].北京:高等教育出版社,2004.

[7] 叶志明．土木工程概论[M].4版．北京:高等教育出版社,2016.

[8] 阎兴华,黄新．土木工程概论[M].2版.北京:人民交通出版社,2013.

[9] 徐礼华．土木工程概论[M].武汉:武汉大学出版社,2005.

[10] 吴世明．岩土工程新进展丛书[M].北京:中国建筑工业出版社,2001.